国家科学技术学术著作出版基金资助出版

西南地区砷富集植物筛选及应用

宁 平 王海娟 著

北 京
冶金工业出版社
2012

内 容 提 要

本书是结合国内外关于难处理金矿预处理和重金属超富集植物的研究项目，在环境保护部、云南省科技厅和环保厅等有关项目的支持下完成的。

本书共分为八章。前两章为综述，后续章节是在对野外调查的基础上所选定金、砷含量均较高的金矿物进行组成分析、淋洗活化和对植物除砷调控研究，最终通过氰化浸出试验，初步选出对于蜈蚣草除砷预处理有效的调控剂并进行了调控效果评价。

本书可作为高等学校冶金环保、矿业环保、环境科学和生态学等相关专业学生及研究人员参考。

图书在版编目(CIP)数据

西南地区砷富集植物筛选及应用／宁平，王海娟著.
—北京：冶金工业出版社，2012.10
国家科学技术学术著作出版基金资助出版
ISBN 978-7-5024-6039-6

Ⅰ.①西… Ⅱ.①宁… ②王… Ⅲ.①植物—应用—砷—土壤污染—污染防治—研究—西南地区 Ⅳ.①X53

中国版本图书馆 CIP 数据核字(2012)第 227109 号

出 版 人 谭学余
地　　址 北京北河沿大街嵩祝院北巷 39 号，邮编 100009
电　　话 (010) 64027926 电子信箱 yjcbs@cnmip.com.cn
责任编辑 郭冬艳 美术编辑 李 新 版式设计 孙跃红
责任校对 郑 娟 刘 倩 责任印制 牛晓波
ISBN 978-7-5024-6039-6
冶金工业出版社出版发行；各地新华书店经销；三河市双峰印刷装订有限公司印刷
2012 年 10 月第 1 版，2012 年 10 月第 1 次印刷
850mm×1168mm 1/32；6.625 印张；174 千字；196 页
25.00 元

冶金工业出版社投稿电话：(010)64027932 投稿信箱：tougao@cnmip.com.cn
冶金工业出版社发行部 电话：(010)64044283 传真：(010)64027893
冶金书店 地址：北京东四西大街 46 号(100010) 电话：(010)65289081(兼传真)
（本书如有印装质量问题，本社发行部负责退换）

序

含砷金矿是难处理金矿石中储量最大、回收经济价值最高的金矿类型之一，它的开发成本高，并且存在严重的环境问题，给开发带来很大困难。对含砷金矿的选冶，应用较广的方法是氰化法，但是这种方法不仅砷、锑等矿物会加大氰化物的消耗而且金浸出率低。金矿中的砷不仅影响金精矿的产量、质量，同时也影响后续金的冶炼回收，并且带来严重的大气、水体和土壤的污染。因此选用经济有效的方法去除金矿中的砷，使难处理金矿中被包裹的金暴露出来，以利于后续工序对金的浸出成为提高金的浸提效率的关键，也是该领域国内外研究的热点和难点。

含金硫化矿与砷矿物的浮选分离集中体现在砷与硫的浮选分离上。目前研究重点在筛选浮选药剂和改进工艺两个方面。在浮选新药剂研究方面主要集中在高效、低成本、无毒或少毒混合药剂的研发，即着重于高选择性捕收剂和砷抑制剂的研究。

改进工艺主要体现在预处理方法的改进上，目前对高砷硫金矿已经开发应用或正在研究的预处理方法主要有氧化焙烧、加压氧化、细菌氧化、碱浸氧化、硝酸分解、真空脱砷、挥发熔炼、离析焙烧、化学氧化、氯化、含硫试剂氧化以及在浸出过程中引入磁场进行强化浸出和超声强化浸出等方法，但植物预处理的方法未见报道。这些方法各有其优势和缺点。

因此进一步选用经济、有效又环保的预处理方法成为国内外黄金选冶行业的研究热点和难点。

针对上述难点和困难，本书作者根据多年的研究经验，抓住含砷金矿开发中的难点和关键问题开始有针对性地调研，并在“土壤重金属污染植物修复示范工程”等项目前期研究的基础上，提出利用砷超富集植物去除含砷金矿中的砷，以此来提高金的氰化浸出效率。

利用植物预处理方法代替传统的火法焙烧等高砷硫金矿预处理工艺，在提高金的浸出效率的同时，避免了传统工艺中因采用焙烧法除砷工艺给大气环境带来的砷污染，通过植物可以回收有价金属砷，有利于清洁生产和节能减排，对我国黄金选冶行业砷污染控制有重要意义。

含砷原生金矿中金以微细浸染状包裹于砷黄铁矿和黄铁矿中。我国在不少地区相继发现了含砷微细粒浸染型金矿，主要分布在滇、黔、桂及陕、甘、川两个三角区，其储量之丰，使之上升为我国一大重要金矿类型。而云南、贵州等地蜈蚣草分布广泛，在进行植物除砷预处理过程中不存在植物入侵的风险，大有应用的空间。

超富集植物原来仅用在吸收和清除土壤中的重金属元素，本书把砷超富集植物蜈蚣草用于含砷金矿预处理，提高了金的浸出效率，减少了环境污染，降低了成本，这是超富集植物应用的新途径，为在含砷金矿及其尾矿二次提金的预处理应用方面奠定了基础。

本书通过对目前含砷金矿预处理方法和植物修复的国内外进展综述后，进行了金矿区野外调查，对云南、贵州部分难处理金矿区矿物样品、周围土壤及植物进行了采样分析，评价了含砷金矿区造成的土壤和植物砷污染状况；选定了金、砷含量均较高的贵州兴仁金矿来进行后续植物除砷的研究；利用研究区域内广泛分布的砷超富集植物蜈蚣草对难处理金矿进行预处理；对金矿进行了直接淋洗活化，筛选有效促进砷淋溶的活化剂；以盆栽试验进行了调控处理，得到了有效的金矿除砷的调控方法；通过对金矿调控，分别提高了蜈蚣草砷去除效率及生物量；研究了淋洗剂及蜈蚣草根系分泌物对于金矿砷形态变化的影响。

本书可供高等学校冶金环保、矿业环保、环境科学和生态学等交叉学科研究人员参考。

王焕校

2012 年 6 月 1 日

前　言

随着金矿大规模的开采和黄金选冶技术的发展，黄金资源开发的范围不断扩展，从性质单一的易处理黄金资源已扩展到难处理金矿资源领域。含砷金矿是难处理金矿石中储量最大、回收经济价值最高的金矿类型之一，也是目前研究最多的矿石类型之一。由于砷(As)的毒性和致畸、致癌、致突变效应，长期以来砷已成为公众普遍关注的环境污染物之一。金矿中砷的存在不但影响金的浸出，同时会造成大气、水体和土壤的环境污染，因此有必要对含砷难处理金矿进行除砷预处理。随着植物修复思想的提出、植物修复技术的发展以及蜈蚣草、大叶井口边草等砷超富集植物的发现，为砷污染土壤和水体的治理提供了更为经济有效和环境友好的方法，也为将其用于金矿除砷奠定了基础。

本书通过野外调查，对云南、贵州部分难处理金矿区矿物样品、周围土壤及植物进行了采样分析，评价了含砷金矿区造成的土壤和植物砷污染状况；选定了金、砷含量均较高的贵州兴仁金矿进行后续植物除砷的研究；利用研究区域内广泛分布的砷超富集植物蜈蚣草对难处理金矿进行了预处理；对金矿进行了直接淋洗活化，筛选有效促进砷淋溶的活化剂；以盆栽试验进行了调控处理，得到了有效的金矿除砷的调控方法；通过对金矿调控，分别提高了蜈蚣草砷去除效率及生物量；研究了淋洗剂及蜈蚣草根系分泌物对于金矿砷形态变化的影响。

本书共分 8 章。其中全书框架及内容设计由宁平负责，王海娟负责各个章节的实验研究及内容撰写。

本书获2011年度国家科学技术学术著作出版基金资助。本书结合了国内外有关难处理金矿预处理和重金属超富集植物的研究进展，相关研究工作得到中华人民共和国环境保护部2010年重金属专项项目“云南个旧多金属矿区周边污染农田生态修复技术示范工程”(2010.9~2012.8)、云南省自然科学基金项目“含砷难处理金矿蜈蚣草除砷预处理机理研究”(2009CD033)和云南省环境保护厅项目“土壤重金属污染植物修复及示范工程”等项目支持。特此致谢！

在金矿样品采集过程中得到昆明理工大学张泽彪高级工程师、杨育喜老师、贵州黄金集团唐兴进和胡金忠等同志的支持和帮助。在含砷金矿经过植物预处理后金的氰化浸出实验过程中得到张泽彪高级工程师和张正勇博士的大力帮助，氰化浸出实验在山东省招金集团完成。在项目研究及成果撰写过程中得到云南大学段昌群教授和昆明理工大学王宏镔、潘波、潘学军、田森林等教授的帮助，在植物鉴定过程中得到曾和平、刘曦等的帮助。另外在本书撰写过程中参阅了大量国内外文献，在此一并致谢。如有参考文献标注遗漏请来电函告之，会在以后的修订中改正，同时在此向原作者深表歉意。

由于作者水平所限，书中难免有缺点和不足，恳请读者批评指正。

作　者

2012年6月

目　录

0 绪　论

随着金矿大规模的开采和黄金选冶技术的发展，黄金资源开发的范围不断扩展，从性质单一的易处理黄金资源，迅速发展到含砷、含硫、高碳及含复杂金属的难处理金矿资源领域。

一般说来，用常规氰化工艺不能将矿石中大部分金顺利提取出来的金矿称为难处理金矿。砷与金相似的地球化学特性注定其常共存于矿石中。含砷硫化矿物是难处理金矿石中储量最大、回收经济价值最高的金矿类型之一，也是目前研究最多的矿石类型之一。含砷原生金矿中金以微细浸染状包裹于砷黄铁矿和黄铁矿中。我国在不少地区相继发现了含砷微细粒浸染型金矿，主要分布在滇、黔、桂及陕、甘、川两个三角区，其储量之丰，使之上升为我国一大重要金矿类型。

含砷金矿直接用氰化法时，由于砷的存在，氰化物消耗量大，金浸出率低，矿石中的砷不仅影响金精矿产品质量，不利销售，同时也影响后续金的冶炼回收，并且带来严重的环境问题。例如贵州省某金矿用常规氰化法处理，金浸出率仅为5.95%。随着环境立法的日趋完善与严格，对冶炼精矿中所允许的砷含量也日趋降低。因此选用经济有效的方法去除金矿中的砷、锑等矿物，使难处理金矿中被包裹的金暴露出来，以利于后续金的浸出，成为提高金的浸提效率的关键，也是目前该领域国内外研究的热点和难点。

含砷金矿通常都属于难处理金矿，金被包裹在硫化矿物——主要是黄铁矿和毒砂中，其中黄铁矿是最重要的载金矿物，毒砂是砷矿物主要的存在形式。含金硫化矿与砷矿物的浮选分离集中体现在砷与硫的浮选分离上。目前毒砂与（含金）硫化矿物分选的研究主要在筛选浮选药剂和改进工艺两个方面。在浮选新药剂研究方面主要集中在高效、低成本、无毒或少毒混合药剂的研发。即着重于高选择性捕收剂和砷抑制剂的研究。当今所用捕收剂主要有巯基阴离子型、硫代酯类和氨基酸类捕收剂。而砷的抑制剂研究主要体现在石灰组合型抑制剂、氧化剂型抑制剂、碳酸盐型抑制剂、硫氧化合物类抑制剂、有机抑制剂的研究等。

在浸提工艺方面黄金浸提方法有汞齐法、非氰化法和氰化法三种，其中汞齐法已经被淘汰；非氰化法包括硫脲法、溴化法、硫代硫酸盐法、水氯化法和细菌提金等；氰化法是目前工业上应用最广的方法。目前世界上新建的金矿中约有 80% 都采用氰化法提金。如何缩短浸出时间，进一步提高浸出率，降低氰化物消耗是氰化法需不断研究的课题，为此，高砷硫金矿通常需要预处理。目前对高砷硫金矿已经开发应用或正在研究的预处理方法主要有氧化焙烧、加压氧化、细菌氧化、碱浸氧化、硝酸分解、真空脱砷、挥发熔炼、离析焙烧、化学氧化、氯化、含硫试剂氧化以及在浸出过程中引入磁场进行强化浸出和超声强化浸出等方法，植物预处理的方法未见报道。传统预处理方法各有优势和不足，因此选用经济、有效、环保的预处理方法成为国内外黄金选冶行业的研究热点和难点。

近年来，随着砷超富集植物的发现及植物修复技术的发展，利用超富集植物清除土壤和水体中有害元素污染的植物修复技术以其高效、廉价及其环境友好性获得了广泛关注。对于土壤中砷的吸附、解吸和微生物转化等方法虽然有较多研究，但是其有效态的浸提预处理仍然是难题之一，而且从目前所查阅的文献来看，尚未进行过含砷金矿的植物预处理方面的研究。

利用砷超富集植物能够大量富集砷的这一特性，含砷金矿的除砷也可以引入植物进行，通过收割累积性植物去除金矿中的砷后，可以减轻砷对金氰化浸出的影响，有望提高金的氰化浸出效率，同时探寻其机理。作为典型砷超富集植物的蜈蚣草（*Pteris vittata* L.）在我国秦岭以南比较常见，生物量也相对较大。在云南、贵州的含砷难处理金矿区种植该类植物，不会造成外来物种入侵，还可以通过收割地上部分以及定期进行根的去除，快速去除金矿砂中的砷，为后续浸出提金做好准备。

含砷难处理金矿中常常会含有大量碳酸钙、菱镁矿、黄铁矿、毒砂、雌黄和雄黄等矿物，同时含有少量含氮、含磷、含钾的矿物，矿样在初步细磨后利用氰化法堆浸前可以用于种植蜈蚣草，其成分能够满足蜈蚣草对于钙和大量元素的需求，在含砷金矿种植蜈蚣草理论上是可行的，同时适当进行施肥、活化等调控手段处理，可以发挥蜈蚣草的砷超富集特性，提高砷的去除效率。

由于砷元素特殊的化学特性使得其在吸附、解吸、浸提活化和化学转化过程中的考虑因素要比一般的重金属复杂。吸附和解吸作用是影响土壤中含砷化合物的迁移、残留和生物有效性的主要过程。土壤质地、矿物成分的性质、pH 值、氧化还原电位（E_h）和竞争离子的性质都会影响到吸附过程及砷的生物有效性。土壤和金矿的物质组成差异以及土壤和金矿中所存在的砷的形态差异，均对砷的活化造成不同的影响，需要在金矿中利用能够调节金矿 pH 值和氧化还原电位（E_h）的不同试剂进行砷活化效果比较研究。重点是利用植物修复中常用的螯合剂进行金矿砷活化实验研究，可以选定的活化剂主要包括人工合成螯合剂如 EDTA、DTPA 等，以及天然螯合剂如植物根系分泌的低分子量有机酸：柠檬酸、植酸、草酸等。如何调控提高超富集植物的生物量和累积量，从而提高去除效率成为亟待解决的关键问题。

目前选择高效的活化调控体系，提高金矿砷的植物有效性，优化金矿中砷的植物提取过程，强化砷向植物地上部位迁移并保障生态安全，对于含砷金矿的植物除砷预处理至关重要。部分植物必需元素如硫、铁、钙等，也可以被植物吸收去除，有助于减少氰化物消耗和提高金的浸出率，对于砷超富集植物可以利用热解或焚烧等方法进行砷的回收处理，达到环保、经济、可行。

近年来，作者通过植物预处理方法代替传统的火法焙烧等高砷硫金矿预处理工艺，在提高金的浸出效率的同时，避免了传统工艺中因采用焙烧法除砷工艺给大气环境带来的砷污染，通过植物可以回收有价金属砷，有利于清洁生产和节能减排，对我国黄金选冶行业砷污染控制有重要意义。

通过对目前含砷金矿除砷预处理和土壤砷污染植物修复进行综述的基础上，在含砷金矿周围进行了土壤和植物砷含量调查，并且重点选择砷、金含量均较高的贵州兴仁金矿进行了砷、金物相分析，并且通过淋洗方法进行金矿砷的活化，以蜈蚣草作为难处理金矿的主要脱砷植物，研究方法借鉴蜈蚣草修复土壤砷污染的方法，并把有效促进砷活化的试剂用于金矿蜈蚣草除砷的调控，从而通过氰化效率的改变来评价不同试剂调控蜈蚣草预处理的效果。

本研究技术路线如图 0－1 所示。

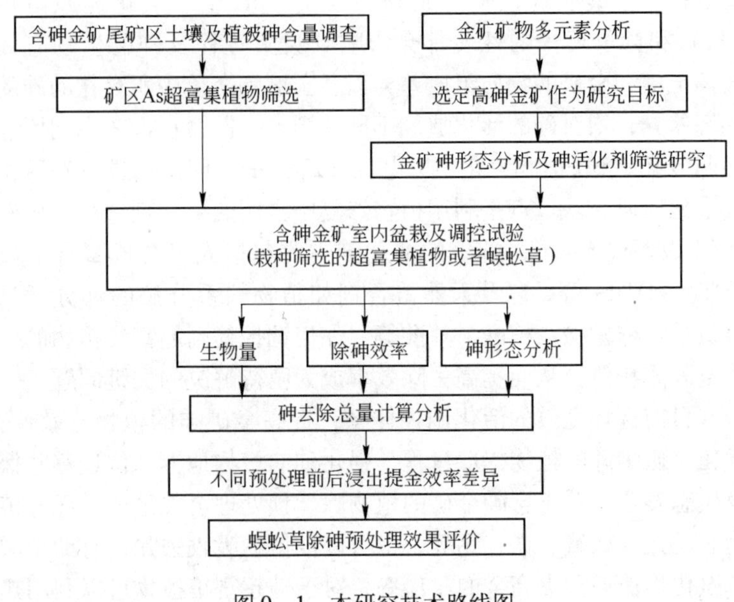

图 0－1　本研究技术路线图

1 国内外含砷金矿预处理方法研究进展

1.1 含砷难处理金矿资源分布及其选冶带来的砷污染

金是人类最早开采和使用的一种贵金属，金既可作为有使用价值的商品，又可作为货币的双重属性，使之在世界范围内备受青睐，致使各国竞相开展黄金的提取研究与开发。近年来随着黄金消费的剧增，易浸提金矿资源日渐枯竭，日趋严格的环保条件更是刺激了黄金提取的研究与开发；与此同时，化学、生物等高新技术的引入更是推波助澜，显示了黄金提取研究的强大生命力。

随着金矿的大规模开采，难处理金矿将成为今后黄金工业中不可回避的重要资源。据资料介绍，目前世界上难选冶金矿中的金占世界金储量的2/3。我国难处理金矿资源，分布广泛，储量丰富。现已探明的黄金地质储量中，约有1000t左右属于难处理金矿资源，约占探明储量的1/4。这类资源分布广泛，在各个产金省份中均有分布。因此，含砷难处理金矿的预处理工艺的研究具有极其重要的意义。

1.1.1 国内外含砷难处理金矿分布与特点

1.1.1.1 国内含砷难处理金矿分布与利用现状

砷在元素周期表中是第Ⅴ主族元素，原子序数是33，原子量74.92。砷与金相似的地球化学特性注定了它们常常共存于矿石中。因此这类矿石种类多、分布广泛、储量可观。据统计，有5%的金矿资源砷金比达2000：1。砷是我国微细粒浸染型金矿的重要标记元素之一，较普遍地存在于几个重要的金矿中。含砷金矿一般皆属于难处理矿石，其资源的开发利用是世界性难题。砷在自然界和难处理的金矿石中主要以化合物形态存在，砷黄铁矿（毒砂）、雌黄和雄黄是含砷金矿中主要的砷矿物。砷黄铁矿是最常见的载金矿物之一，常包裹有细分散的微粒金，在此情况下，矿石即使进行超细磨也不能使金微粒完全解离，因而影响金的浸出。

矿石中金的赋存状态和矿物组成是限制金浸出效率的根本原因之一，造成这些矿石难处理的原因是多方面的，矿石中金的赋存状态和矿物组成是限制金浸出效率的根本原因之一，根据工艺矿物学的特点分析，中国难处理矿金矿资源大体上可分为三种主要类型。

第一种为高砷、碳、硫类型金矿石，在此类型中，含砷3%以上，含碳1%～2%，含硫5%～6%，用常规氰化提金工艺，金浸出率一般为20%～50%，且需消耗大量的氰化钠，采用浮选工艺富集时，虽能获得较高的金精矿品位，但精矿中含砷、碳、锑等有害元素含量高，给下一步提金工艺带来较大影响。

第二种为金以微细粒和显微形态包裹于脉石矿物及有害杂质中的含金矿石，在此类型中，金属硫化物含量少，约为1%～2%，嵌布于脉石矿物晶体中的微细粒金占到20%～30%，采用常规氰化提金，或浮选法富集，金回收率均很低。

第三种为金与砷、硫嵌布关系密切的金矿石，其特点是砷与硫为金的主要载体矿物，砷含量为中等，此种类型矿石采用单一氰化提金工艺金浸出率较低，若应用浮选法富集，金也可以获得较高的回收率指标，但因含砷超标难以出售。

以常规浸出时金的浸出率为依据，按矿石浸出的难易程度，可以将矿石分为易浸矿石、中等难浸矿石、难浸矿石和极难浸矿石四类（见表1－1）。

表 1－1 金矿石可浸性分类

金回收率/%	90～100	80～90	50～80	<50
矿石可浸性级别	A 级	B 级	C 级	D 级
可浸性	易浸矿石	中等难浸矿石	难浸矿石	极难浸矿石

注：本表摘自殷书岩，2007。

我国难处理金矿资源储量丰富，分布广泛。在不少地区相继发现了含砷微细粒浸染型金矿，其储量之丰，使之上升为我国一大重要金矿类型。表 1－2 列举了我国主要的含砷金矿矿山分布。

表 1－2 我国含砷金矿矿山分布

地区	金 矿 名 称	地区	金 矿 名 称
广西	金牙（30t）、六梅、高龙、山花	甘肃	阳山、礼坝、岷县鹿儿坝（30t）、礼县、舟曲坪定矿区（15t）
安徽	铜陵、马山（14t）	河北	半壁山、张北
四川	东北寨	陕西	庞家河、煎茶岭、安家岐
新疆	阿西金矿、萨尔布拉克	贵州	丫他（16t）、板其、烂泥沟（52t）、戈塘、紫木煷（26t）
吉林	金山	云南	镇沅冬瓜要矿区（10t）
山西	义兴寨	青海	五龙沟、东大滩、格尔木
广东	六岭、长坑矿区（25t）	湖南	黄金洞、安化、淑浦
江西	万年、花桥	辽宁	猫岭、杨树、邻家、刘家、凤城（38t）

注：1. 括号中为相应矿山的储量。

2. 本表摘自殷书岩，2007。

针对以上特征，解决中国的难处理金矿资源这一难题仍然需从以下三方面入手。

（1）氰化提金之前先进行预处理，将金矿中伴生的主体矿物氧化分解，使被包裹的金解离暴露出来，同时，也将一些干扰氰化浸金的有害组分去除；

（2）通过添加某些化学物质或试剂，以抑制或消除有害组分对氰化浸金过程的干扰达到强化浸出的目的；

（3）寻找新的高效的或无毒的浸金溶剂，取代氰化物彻底解决环境污染问题。这三种技术措施，都应该作为我们今后难选冶技术研究和开发的主攻方向，但从国内外的技术发展趋势来看，难处理金矿石的预处理技术，将会成为今后一段时期开发应用的重要目标。

1.1.1.2 国外含砷难处理金矿分布与利用现状

自然界中，240余种矿物中大多含有砷。最常见的是以金属硫化物矿石、金属砷酸盐等形式出现，很少发现单质砷。雄黄、雌黄和毒砂是自然界中最常见的含砷矿物。其中含砷金、银矿的主要矿床及其分布如表1－3所示。

表1－3 世界主要含砷矿床及其分布

矿床类型	含砷矿物	平均砷含量/%	国　家
金矿矿床	砷黄铁矿、斜方砷黄铁矿	0.5	澳大利亚、巴西、加拿大、前苏联、美国
硫化砷和含金硫化砷矿床	雄黄、雌黄	2	中国、美国
自然银和镍钴砷矿床	砷钴矿、砷铜矿、斜方砷镍矿等	2.5	加拿大、原捷克斯洛伐克、德国、挪威

注：本表摘自王华东，1992；马名扬，2003。

国外处理含砷金矿的技术应用较广泛，已经应用的工业化预处理措施包括焙烧、热压氧化和细菌氧化。近年来开发出的两段沸腾焙烧和原矿循环沸腾炉焙烧为焙烧这一传统工艺的工业化带来新的生机。各地新建焙烧氧化厂中较为有代表性的是美国的Jerritt Canyon和南非的New Consort等金矿。加盐焙烧是针对含S、As较高的金矿用传统焙烧工艺环境污染大、尾气净化负担重的问题而发展的技术，是在焙烧物料中加入适量的无机盐混合焙烧，以达到固化 S、As 的目的，常用的盐类为 Na_2CO_3、$NaHCO_3$、$Ca(OH)_2$、$CaCl_2$ 等。

热压氧化工艺既能在酸性介质中进行，也可在碱性介质中进行。1985 年，美国麦克劳林提金厂首次应用酸性热压氧化预处理工艺获得成功，随后，美国、加拿大和巴西等国家先后建立了近 10 座应用该工艺的提金厂。这些提金厂大多数为日处理 1000t 以上的大型原矿热压氧化工艺。如美国的 Gold Strike Getchell。除处理原矿外，该工艺对难处理金精矿也是比较有效的，如巴西的 Sao Renton、加拿大的 Campbell、巴布亚新几内亚的 Porgora 和希腊的 Olypias 金矿则是处理金精矿的代表。最近，澳大利亚 Dominion 矿物公司提出的超细磨——低温低压氧化技术（Activex），通过超细磨矿（5 ~ 15μm）提高了矿物质表面活性，降低工艺的氧化温度和压力，使反应釜材质，防腐问题变小，因此，可以预见该工艺在突破设备的压力和防腐问题后，工业应用的前景将会变得更加广阔。

细菌氧化技术目前应用于槽浸氧化和堆浸氧化两个方面。后者主要用于低品位的难处理金矿。该预处理技术有 BIOX 法和 BacTech 法两种。BIOX 法是南非 Gencor 公司，1975 年开始研究开发的技术，从 1991 年起陆续建成 5 座处理难选冶精矿的细菌氧化厂，分别是澳大利亚的 Harbour Light（40t/d）、巴西的 Sao Bento（150t/d）、南非的 Fairvew（40t/d）、Wiltuna（157t/d）和加纳的 Ashanti（960t/d），其中以加纳的 Ashanti 的规模最大，它处理的矿石是含碳质的硫化物金矿，直接氰化金浸出率仅为 5% ~40%，细菌氧化预处理后的氰化金浸出率可提高到 94% 以上。BacTech 法是澳大利亚 BacTech 公司开发的技术，巴克泰克公司第一个将嗜热菌（适宜温度范围 45 ~ 55℃）成功地用于生产实践，在澳大利亚的 Yonanmi（尤安密）金矿成功地生产了两年以上，处理能力为 120t/d。

化学氧化法也曾在工业上得到过应用，曾采用闪速氯化工艺处理卡淋型碳质金矿石。也称湿法化学预处理，包括常压碱浸预处理、常压酸处理、湿法氯化法和 HNO_3 分解法。

常压碱浸预处理是在常压下通过添加化学试剂，在碱性介质条件下，对矿石的有关组分进行氧化和处理。该方法具有环保、工艺简单、流程短、投资小等优点。常压酸处理通常是用过一硫酸（H_2SO_5）对难浸矿石进行氧化处理。但该法的致命弱点就是酸耗太大，HNO_3 需要在 350 ℃下蒸馏再生，这在工业上难以实现，而且 As 不但得不到利用，还需固化处理，因此，除非 Au 的品位很高，否则该法在工业上应用的可能性极小，很不经济。

1.1.2 国内外含砷金矿选冶引起的砷污染

毒砂是微细浸染型金矿的常见伴生矿物，含砷微细粒浸染型金矿是中国第二大类型的金矿，砷和碳含量高，金粒细小而且分散，虽然品位较低，但矿床的规模较大。焙烧预处理氰化堆浸成为目前含砷金矿主要的工业化方式，这也就加剧了含砷金矿中砷、硫等污染大气、水体和沉降污染土壤的可能，从而成为矿业方面造成砷污染的一大新途径。利用含砷金矿进行黄金选冶已经成为砷污染的主要来源之一。

砷伴生于许多有色金属矿床之中，当开采这些矿物时，砷由地层深处转至地表，变得十分活跃，在地表进行重新分配，形成了局部地区砷浓度升高。砷是对人体及动物有毒害作用的致癌物质，许多国家（例如美国、加拿大、日本、西欧等）把饮用水中砷的指标从 50μg/L 降到 10μg/L。目前，世界上有 5000 多万人正面临着地方性砷中毒的威胁，如表 1－4 所示，其中，大多数为亚洲国家，而中国正是受砷中毒危害最为严重的国家之一。

近年调查发现，云南、湖南、贵州、广西等地区也面临着严重的砷污染问题。这些地区除地质因素造成的砷污染外，矿藏开采中忽略了对环境的保护，使得这些矿区周围 30～40km 都受到不同程度的砷污染。

表1-4 世界主要砷矿床及其分布

国家或地区	暴露人口/万人	浓度/$\mu g \cdot L^{-1}$	成因	环境条件
孟加拉	3000	<1~2500	自然	冲积物或三角洲沉积带
印度	600	<10~3200	自然	冲积物或三角洲沉积带
越南	>100	1~3050	自然	冲积物
泰国	15	1~>5000	人为	矿业
中国台湾	10~20	10~1820	自然	黑色页岩
中国内蒙古	10~60	<1~2400	自然	湖泊沉积物和冲积物
中国新疆	>0.05	40~750	自然	冲积物
阿根廷	200	<1~9900	自然	黄山、火山岩、热泉
智利	40	100>1000	人为和自然	火山沉积物、封闭盆地、热泉、矿业
墨西哥	40	8~620	人为和自然	火山沉积物、矿业
匈牙利	40	—	自然	冲积物、有机质
罗马尼亚	40	—	自然	冲积物、有机质
西班牙	>5	<1~100	自然	冲积物
希腊	15	—	人为和自然	热泉、矿业

注：本表摘自徐步县，2007。

尾矿一直是矿业开采、特别是金属矿开采造成环境污染的重要来源之一。尾矿对环境容易引起的危害包括扬尘、淋溶污染地下水和河流，甚至造成跨区域污染转移，也可能使砷污染通过空气扬尘传播更远，导致居民通过呼吸空气而发生砷中毒；堆放的尾矿易产生流动、塌陷和滑坡，一旦发生事故后，这些矿山尾矿直接排泄于湖泊、河流，污染水体，堵塞河道，引发更大的灾害。例如 2008 年 9 月 8 日，山西襄樊新塔矿尾矿库溃坝事故，造成 277 人死亡。

在流经矿区的河流中，砷浓度都有所提高，如表 1-5 所示。在枯水期和丰水期，分别超过国家地表水 c 类水质砷标准的 10

倍和5倍；在丰水期，砷迁移的距离远远大于枯水期，其原因是河流搬运能力与流速的六次方成正比，采矿废水中的砷有很大一部分以悬浮颗粒物形式迁移，丰水期水量大，流速快因而颗粒物运输距离较远，而在枯水期的河流流速比较慢，悬浮物的沉淀作用明显，运输距离较近，砷的衰减速度加快。

表1-5 矿区周围河流中砷浓度分析 (μg/L)

点　　位	枯水期总砷含量	丰水期总砷含量
入矿区前的河流	0	0
入矿区后的河流	488.66	261.85
离矿区10km处的河流	21.93	144.97

注：本表摘自徐步县，2007。

马名扬通过对粤西河台金矿区周围砷的化学形态、价态及其分布规律等进行了深入的调查研究，分析了砷含量在各生态系统的空间分布和危害情况。结果表明固体沉积物是砷的主要蓄积库；由于受尾矿废水排放的影响，尾矿坝下的农灌水、土壤、水稻均已受到了砷的轻微生态危害，土壤的综合污染指数（SPI）为0.57，水稻的综合污染指数（SPI）为2.07，砷元素在尾矿坝下游区域农灌水、悬浮物、沉积物中的含量从上游向下游都表现为由高到低缓慢递减的变化规律。因此对于含砷金矿引起的砷污染应该引起普遍重视。

1.2 含砷金矿除砷预处理技术研究进展

黄金的冶炼由来已久，具有近百年的历史，大致经历了五个历史发展阶段，即重选、混汞、氰化、炭浆氰化、难处理金矿的氧化预处理浸取及高效低廉无毒浸金剂的浸出。从20世纪70年代开始直至现在，难处理金矿资源开发技术与工艺过程研究仍是国际黄金提取最热门的研究领域之一。

含砷金矿直接用氰化法时，氰化物消耗量大，金浸出率低。其原因在于金与砷化物以及黄铁矿的关系密切，金常常以微细粒状态被包裹起来，或存在于毒砂、黄铁矿的晶格内部。当金与毒砂共生时会生成黑色或黑褐色的表面膜覆盖在金的表面，从而导致在提金工艺中金的回收率很低。例如贵州省某金矿，其中金以超显微细粒形式包裹于金属硫化物（黄铁矿和毒砂）中，占总金量的80%，碳酸盐黏土矿物中含砷0.62%、硫5.59%、碳3.51%，金矿石用常规氰化法处理，金浸出率仅为5.95%。因此这类矿石提金前，必须预先脱砷，将包裹金的黄铁矿和毒砂破坏，使金裸露易于与氰化物反应，从而提高金的回收率。因此，无论从环境保护，还是在提高选冶效益方面，在进行金的提取之前对该类金矿进行除砷预处理，都具有十分重要的意义。

1.2.1 国外含砷金矿预处理技术

从国外对难选冶技术的研究路线和应用效果可以看出，所谓的难选冶技术主要是指预处理技术。预处理是通过物理、化学和机械动力等方法破坏难浸金矿物的晶格结构、消除各种有害杂质，使被包裹金暴露出来。已经获得工业应用的预处理方法有四种：焙烧氧化法、加压氧化法、细菌氧化法和化学氧化法。各预处理方法所适用的矿石如表1－6所示。

表1－6 难处理金矿石预处理方法

预处理方法	适用矿石
焙烧氧化	含砷、硫和有机碳的金精矿
加压氧化	硫化物、锑化物包裹金原矿、精矿
生物氧化	硫化物包裹金的原矿、精矿
碳浸法	含中等“劫金”碳的金精矿
超细磨	微细粒包裹金原矿、精矿
氯氧化法	硫化物矿石
微波加热法	适用于以上各种矿石

注：本表摘自乔红光，2005。

表1－7对比了四种预处理方法的主要技术经济指标。通过

指标评价可以看出几种处理方法各有优劣，还有必要对现有方法进行改进或者探索新的预处理方法。

表1-7 四种主要预处理方法的技术经济指标对比

项 目	焙烧氧化法	加压氧化法	细菌氧化法	化学氧化法
1. 是否为选择性氧化	不是	不是	是	是
2. 氧化速度	较快	快	慢	较快
3. 操作温度/℃	550~880	180~220	30~80	70~200
4. 操作介质	固体	酸性或碱性介质	酸性介质	酸性或碱性介质
5. 基建费用	高	高	较低	较低
6. 生产能耗	高	中	低	高
7. 工艺成熟度	完全成熟	成熟	中小厂成熟	未成熟
8. 工业应用比例/%	40	40	20	很少
9. 操作要求	中	高	低	中
10. 酸碱活化作用	全部	部分	部分	部分
11. 作业方式	连续	分批	分批	分批
12. 生产费用	低	氧气及石灰费用高	试剂（石灰、氰化物）及空气费用高	试剂（硝酸、硫酸、次氯酸钠等）
13. 金的回收率	较高	高	高	较高
14. 工艺副产品	硫酸、白砒	无	无	无
15. 环境污染	大气污染	无	无	大
16. 安全与保健	高浓度砷化合物和二氧化硫	操作危险，低浓度毒性化合物	低浓度的毒性化合物	操作危险，低浓度毒性化合物
17. 适合矿石类型	原矿、精矿	精矿	原矿、精矿	精矿

注：本表参考郑晔，2009；孙德四，2006；殷书岩，2007。

从技术、经济、环保等角度来看，每种预处理方法都有其各自的优缺点。其中，焙烧法污染较大，除处理劫金类碳质金矿石外，已很少新上该项目；热压氧化法技术要求高，设备需耐腐蚀处理，有高压高氧危险，投资大；细菌氧化法其探索含砷细菌氧化的周期长，细菌活性受温度、矿浆浓度、酸碱度等环境条件变化影响较大，对砷硫含量高的矿种采用此法有一定难度；化学氧化法即用一些强酸、强碱、氯气、高锰酸钾等强氧化剂，直接对矿物进行氧化，此法存在设备腐蚀严重、环境污染大、成本高、矿石适应性差的缺点。

1.2.2 国内含砷金矿预处理技术

随着黄金行业科研计划和国家科技攻关的开展，加上企业和矿山的各方面投入，使难处理金矿资源得到了一定程度的开发利用。但总体形势并不乐观，真正从难处理的金矿资源中有效合理、安全环保地提取出的黄金占每年总产量的比例并不高。

目前，高砷金矿预处理技术日益受到选矿界的广泛关注，虽然取得了一定的进展，但是由于含砷难处理金矿资源的特点多种多样，预处理技术的研究仍有待于进一步深入与发展。各国仍在研究开发各种更加有效，易于工业实施的预处理技术，从难选冶技术的发展趋势看，研究开发操作条件比较温和，反应速度快，工艺投资费用和生产费用合适，环境污染小的预处理技术是主要的发展方向。

目前国内难处理金矿开发利用方式，大体可分成两类：

（1）难处理金矿的资源矿山通过采取预处理技术或强化浸金措施实现的就地产金方式，如甘肃岷县的鹿峰金矿，采用原矿焙烧工艺处理含砷、碳、低硫的原矿，湖南黄金洞金矿通过采用二段氧化焙烧工艺处理高砷金精矿，以及乌拉嘎金矿和江西金山金矿的金精矿氰化工艺等。这部分矿山的资源利用状况是金回收率普遍不高或者对环境产生了一定程度的污染和破坏，急需从工艺技术上根本解决问题。

（2）难处理金矿资源的矿山则采用浮选或其他工艺富集的方式生产出难选冶的金精矿，集中销售到冶炼厂，这种方式的资源利用率还主要取决于冶炼厂的预处理工艺的技术水平。

目前，在国内经批准面向全国收购含金物料进行冶炼加工的定点企业中，大部分采用的仍是金精矿直接氰化工艺或焙烧－氰化工艺，只有烟台黄金冶炼厂、莱州黄金冶炼厂和陕西中矿生物矿业工程有限责任公司冶炼厂采用细菌氰化预处理工艺处理部分含砷金精矿，这使国内目前“贫、细、杂”多样的难处理金矿资源受到了一定的限制。

因此，国内难处理金矿资源的开发利用现状是：虽然难处理金矿资源所占比重较大，但开发利用程度相对较低。冶炼企业对易处理金矿物料的需求量大，原料市场竞争激烈。难处理金精矿的加工工艺的技术水平相对较低，产出的复杂金精矿销售困难，因而使难处理金矿资源的开发受到限制，造成了国内黄金工业生产的被动局面。迫使现在诸多冶炼企业已将注意力转向含砷、含碳、微细粒包裹型难处理含金物料的开发利用上，纷纷寻求各自的处理渠道和方式，力求突破工艺技术难点，抢先占领潜在市场。因而可以预见随着预处理技术的工业化推广应用，难选冶物料的产量将会越来越大，其开发利用的前景也将更加广阔。

云南省支持吨金矿山建设，建立稳定的金生产基地，支持东川金矿、鹤庆北衙金矿、墨江金厂、祥云金厂箐、潞西金矿、楚雄小水井金矿和金平长安金矿等矿山实施扩能技术改造，不断提高黄金生产能力，确保全省矿产金产量适度增长。

而在实际生产应用中，国内难选冶技术的开发研究起始于20世纪90年代初，“八五”期间国内的科研机构针对国内陆续发现的难处理金矿资源开展了多项试验研究，但工业上的推广应用范围不大。长春黄金研究院、北京有色金属研究院、北京矿冶研究院等研究机构在氧化焙烧工艺、碱性热压氧化工艺和细菌化工艺这三大预处理工艺上获得了可供工程化应用的成果。通过与依托企业密切合作，使我国黄金行业的难选冶技术进入到工程化开发与应用阶段。到目前为止，国内的焙烧氧化、热压氧化和生物氧化等技术都进行过工业实践，并且有许多生产厂建成投产。

1.2.2.1 焙烧氧化技术

焙烧氧化技术是目前国内生产能力最大的难处理金矿资源的生产工艺，从1986年开始在山东国大投产第一座50 t/d规模的生产厂至今，已投产了一段焙烧和二段焙烧的提金工艺厂多座，而且采用的皆为流态化床的沸腾焙烧方式。其中：一段焙烧提金的生产能力达到5100 t/d以上；二段焙烧提金的生产能力达到1000 t/d以上；正在规划建设一段或二段燃烧厂的生产规模达500 t/d以上。国内的焙烧提金工艺是从一段焙烧发展起来的，一段焙烧的焙砂可以酸浸萃取提铜，而且最后的浸渣可作为高铁水泥添加剂出售，焙烧产生的烟气经净化后制取硫酸。这种焙烧技术对相对复杂的金精矿而言，工艺成熟、技术可靠，而且综合回收效果好，几乎能达到无废料提取多种有价元素的目的。表1-8列出了国内已投产的采用一段或二段焙烧提金厂。

表1-8 国内主要采用焙烧氧化处理金精矿的提金厂

企　业	地点	规模 $/t\cdot d^{-1}$	焙烧段数	设备	处理原料	技　术
国大黄金冶炼厂	招远	800	一段	4台	含铜复杂硫金精矿	国内设计院、研究院与企业合作
国大黄金冶炼厂	招远	150	二段	1套	含砷、高硫复杂金精矿	国家研究院与企业合作开发
中原黄金冶炼厂	三门峡	800	一段	2台	含铜铅锌复杂硫金精矿	国内设计院与企业合作
新都黄金冶炼厂	朝阳	200	一段	1台	含铜复杂硫金精矿	国内技术
恒邦黄金冶炼厂	牟平	380	二段	2套	含砷、高硫金精矿	一套引进、一套消化吸收

续表 1-8

企　业	地点	规模 /t·d^{-1}	焙烧段数	设备	处理原料	技　术
恒邦黄金冶炼厂	牟平	860	一段	4 台	含铜复杂硫金精矿	国内技术开发
灵宝黄金冶炼厂	灵宝	850	一段	4 台	含铜铅锌复杂金精矿	国内技术开发
开源黄金冶炼厂	灵宝	130	一段	1 台	含铜复杂硫金精矿	国内技术开发
博源黄金冶炼厂	灵宝	130	一段	1 台	含铜铅锌复杂金精矿	国内技术开发
金源晨光黄金冶炼厂	灵宝	150	一段	1 台	含铜铅锌复杂金精矿	国内技术开发
潼关黄金冶炼厂	潼关	150	一段	1 台	含铜铅锌复杂金精矿	国内技术开发
招金星塔黄金冶炼厂	新疆托里	100	二段	1 套	高砷、高硫金精矿	国内研究院合作开发
紫金黄金冶炼厂	福建上杭	200	二段	1 套	高砷、高硫金精矿	国内研究院合作开发
贵州紫木凼金矿	贵州兴仁	1000	一段	1 套	含硫、砷、碳微细粒浸染型金矿	国内研究院合作开发
中南黄金冶炼厂	平江	200	二段	1 套	高砷、高硫金精矿	引进消化技术

注：本表参考康增奎，2009。

二段焙烧的应用得益于国外技术（瑞典波立登的二段焙烧）的引进消化和国内技术的自主研发，其处理对象是高砷、高硫的复杂金精矿。近年来，焙烧提金工艺迅速应用的主要动力还是硫酸价格的上涨，但随着国家对烟气排放环保要求的越来越严格、硫酸市场的不确定性、回收的砷产品的处置与销售以及金精矿原料的激烈竞争等，这项技术的制约因素也逐渐明显。

1.2.2.2 生物氧化提金技术

我国对难处理金矿生物氧化进行过长期研究。2003 年，以长春黄金研究院的菌种系列 CCGRI 技术为依托，辽宁天利 100t/d 黄金冶炼厂顺利投产。它标志着我国开发的难处理金矿生物氧化－氰化提金技术已经完全成熟。我国目前已成为世界上建设投产生物氧化提金厂数量最多的国家，如表 1－9 所示。

表 1－9 国内已建设投产的采用生物氧化技术的生产厂

企 业	地 址	规模/$t \cdot d^{-1}$	技术支持	目 前 状 况
烟台黄金冶炼厂	山东烟台	80	CCGRI	经扩建后达到现在的生产规模
莱州黄金冶炼厂	山东莱州	100	BACOX	生产
辽宁天利公司	辽宁凤城	150	CCGRI	通过提高氧化矿浆浓度等工艺，由设计的 100t/d 规模达到现在的生产能力
镇安黄金冶炼厂	陕西镇安	50	国内技术	现在未生产
江西三和金业有限公司	江西德兴	80	CCGRI	设计规模 100t/d，现在按 80t/d 能力进行生产
新疆阿希金矿	新疆	80	国内技术	经扩建后，达到现在规模
山东招金黄金集团	山东招远	100	CCGRI	由热压工艺改为生物氧化
金凤黄金有限责任公司	辽宁丹东	5000t/堆	CCGRI	生物堆浸
澳中矿公司	贵州烂泥沟	750	BIOX	已投产

注：本表摘自康增奎，2009。

进入 21 世纪后，生物氧化提金技术与焙烧、热压和化学氧化工艺相比，更具有生产环境友好，对复杂的含砷、含硫、微细粒包裹型金精矿（或含金矿石）的适应性更强、生产工艺运行更加稳定可靠，操作更易于掌握等特点。

1.2.2.3 热压氧化技术

加压氧化是在高温高压下，在加压釜中由氧气作氧化剂氧化硫化物，破除硫化物对金的包裹，使金能直接与氰化物接触，提高金的浸出率。该工艺具有反应快、金的回收率高、环保等优点。热压氧化技术的研究开发起步于国家的“九五”科技攻关，1997～1999 年，长春黄金研究院与核工业北京化工冶金研究院合作，针对吉林浑江金矿的难处理原矿，通过采用碱性热压氧化—釜内快速氰化提金工艺技术，有效地氧化分解了载金硫化物，使金浸出率从直接氰化的低于 47% 提高到 92% 以上。并且完成了 800～1000t/d 的扩大性试验。由于该工艺采用的是碱性热压工艺，氧化过程的温度和压力比国外的酸性热压技术要低，应该更加适合于我国的国情。但是由于其适应的矿石为低硫化物的碱性原矿石，所以应用范围受到了限制。

近年来，我国黄金生产工艺取得了一系列重大突破，难处理金矿资源开发利用对黄金产业的可持续发展贡献度不断提高。在试验研究方面，对高砷硫金矿正在研究的预处理方法还有碱浸氧化法、硝酸分解法、真空脱砷法、挥发熔炼法、离析焙烧法、化学氧化法、氯化法、含硫试剂氧化及在浸出过程中引入磁场、超声和微波强化浸出等方法。利用细菌氧化去除金矿砷已经研究较多，但是利用植物进行金矿除砷研究较少，目前把砷超富集植物引入到金矿除砷中还处于起步阶段。

2 土壤砷污染植物修复国内外研究进展

2.1 土壤砷污染现状

土壤是人类赖以生存的基本环境要素之一。土壤是岩石在气候、母质、生物等成土因素作用下形成的能够生长植物的疏松表层。通常把基本未受人类活动影响的土壤中重金属元素的正常含量水平界定为土壤重金属元素背景值。只有当土壤中重金属含量明显超过背景值，引起土壤环境质量恶化，并对人类和环境带来危害或风险时，才称之为重金属污染。

2.1.1 土壤中砷的背景值

人类对砷（As）的认识已经有很长的历史，早在4000多年前就知道了雄黄、雌黄等砷矿物。但是直到近几十年才逐渐关注砷对环境的污染及其对人体健康的影响。关于土壤中砷的调查研究，不少国家做了大量工作，取得了大量的数据和成果，砷在世界土壤中的含量一般为0.1～58μg/g，中位值为6μg/g；我国砷元素土壤背景值为9.6μg/g，其含量范围为2.5～33.5μg/g，我国土壤砷含量背景值大于50μg/g的高背景值土壤主要分布在广东、广西、云南、西藏等地，其中最高含量达到626μg/g。土壤高背景值异常除发生在自然的原生环境之外，还常常由很多自然原因引起，如近代含砷农药如除莠剂和除虫剂在农业上的广泛应用和有色金属采选伴生的砷的污染。

土壤圈与大气圈、水圈、岩石圈和生物圈都有着千丝万缕的联系，是人类赖以生存的宝贵资源，具有数量上的有限性和质量上的不可再生性，也是环境中众多污染物的“汇”。

由于母质、气候、岩石、生物和时间五大成土因素的综合作用，As可以风化迁移并且在土壤中累积，因此它在土壤中的含量高于它在母岩中的含量，土壤中平均含砷量变幅很大。地质岩石中的砷含量，决定了砷的背景值。而某些含砷的特殊矿床，它的存在和开采可以引起局部地区砷的背景值提高。不同类型的岩石和矿物的含砷量相差很大，决定了由不同母质风化发育的土壤的含砷量也有所不同，进而决定了陆生植物的含砷量。从总趋势看，石灰岩、浅海沉积物、冲击物发育的质地较细、有机质较多的土壤含砷量较高，而发育于凝灰岩、花岗岩等火成岩母质之上的沙性土壤含砷较低。

土壤环境中砷的来源是多方面的，包括自然源和人为源。砷广泛存在于自然界中，广泛应用于工农业生产的含砷化合物（如硫酸、磷肥、农药、玻璃、颜料等）导致砷污染。此外，自然界中岩石的风化也是土壤砷污染的来源之一。

未受污染的土壤中As浓度通常低于10μg/g。人类活动和地质原因可以导致环境中出现局部高砷现象。引起环境As浓度增加的自然因素主要有：含As母质的矿化、火山喷发等。地壳中各种岩石矿物中的砷是土壤砷的主要天然来源，火山活动也是砷天然来源的重要方面。自然界中含砷矿物有200多种，含砷矿物可分为三大类：硫化物、氧化物及含氧砷酸盐矿物和金属砷化物。因为砷的亲硫性，所以常见含砷矿物多以硫化物形态存在，砷的硫化物有60~70种之多。如最常见的有毒砂（FeAsS）、砷铁矿（$FeAs_2$）、雄黄（AsS/As_4S_4）、雌黄（As_2S_3）、臭葱石（$FeAsO_4 \cdot 2H_2O$）等矿物。其中很多含砷金矿中的砷也以毒砂、雌黄和雄黄等硫化物形态存在。地壳中这些含砷矿物与岩石的风化是土壤砷的天然来源。据估计，全球每年从岩石风化和海洋喷溅释放的砷量为$1.4 \times 10^5 \sim 5.6 \times 10^5$kg。另外淋溶、植物吸收与释放、火山活动可连续地将砷化物分散到土壤环境中。

在地球化学分异形成的土壤砷自然本底值的基础上，由于人类的工农业生产活动，直接或间接地将砷排放到土壤中，增加了土壤的砷含量，甚至造成不可逆转的砷污染。土壤环境中砷的人为来源有很多，包括矿业开采冶炼、工业生产和农药的使用等。全球每年向土壤中输入的砷总量为 0.94×10^8kg。全球因人类活动输入土壤中的砷达到52000～112000t/a。其中，工业来源主要包括半导体，金属的冶炼，以及砷作为工业原料的制造业；在农业中，含砷的化合物作为杀虫剂、消毒液、杀菌剂、除草剂和饲料添加剂的施用，都造成了土壤砷污染，另外部分磷矿石含砷量高，导致磷肥中含砷量一般在20～50μg/g，高的可达几百μg/g，因而磷肥的施用，也会造成土壤砷含量增加；采矿业中As多作为Pb、Zn、Cu、Fe和Au等多种矿的伴生成分，随着采矿和冶炼过程，造成大气、土壤、沉积物和地下水的污染，从而导致土壤中的砷的含量很高。

砷普遍存在于大气、土壤、岩石、水体等环境介质中。它可以通过地质大循环和生物小循环在自然界中移动，并常常通过大气、水体、食品等途径作用于人体，因此，环境中的As超过一定剂量时会对人体健康构成威胁。由于As具有致癌、致畸、致突变的作用，国际癌症研究中心（WHOIARC）已于20世纪80年代将其确定为致癌物质。砷对人的毒性因其形态不同而有很大差别，单质砷、有机砷化物的毒性较小，无机砷化物的毒性较强，其中三氧化二砷、砷化氢对人体危害尤为严重。三氧化二砷，也称砒霜，与人体细胞酶蛋白巯基相结合而使细胞酶失活，从而导致糖代谢停止、蛋白质分解，最终导致细胞死亡。砷化氢为气体，主要破坏红血球的血红蛋白，引起溶血性黄疸，对脑、肝脏等脏器也有损害。As慢性中毒的潜伏期较长，可长达几年甚至几十年。因此，As对人体健康的危害备受关注。

近年来，由As引发的环境问题屡见不鲜。我国是砷污染问题最严重的国家之一。湖南石门的雄黄矿是我国最大的雄黄产地，据1968年的测定，生产环境大气中 As_2O_3 的含量最高达34mg/m^3，生活区及矿区附近的水源、土壤、蔬菜等As含量也异常高。该矿自1971年1月1日至1982年12月31日的十年间发生恶性肿瘤 50 例，其中肺癌 22 例。内蒙古全区有 11 个旗县的 600 多个自然村流行砷中毒，病区人口 25 万。台湾西南部、新疆、山西等地也有大规模的砷中毒事件发生。近年来，由于地方性砷中毒事件的频频发生，砷中毒问题已引起国务院的高度重视。但由于治理砷污染的难度非常大，资金投入不足，导致目前仍收效甚微。因此，开发有效的治理砷污染土壤的措施刻不容缓。

2.1.2 土壤环境中砷的存在形态及其转变

在自然界，砷元素可以以许多不同形态的化合物存在，在空气、土壤、沉积物和水中发现的主要砷化物有 As_2O_3 或亚砷酸盐（As^{3+}）、砷酸盐（As^{5+}）、一甲基砷酸（MMAA）和二甲基砷酸（DMAA），在海产品中则主要以砷甜菜碱（AsB）和砷胆碱（AsC）形式存在。毒性大小顺序依次为 As（Ⅲ）> As（Ⅴ）> As_2O_3 > MMAA > DMAA > AsC > AsB。

在环境中，砷的转化、迁移和毒性很大程度上受砷存在的化学形态的影响。砷在土壤中以无机态为主，在氧化条件下砷酸盐是其主要成分，它主要以水溶态砷、交换态砷和固定态砷三种形态存在于土壤中，其中水溶态砷、交换态砷为土壤活性砷，它们的有效性相对较高，易被植物吸收，但是砷酸盐在酸性土壤中容易被铁、铝等氧化物固定形成固定态砷（如钙型砷、铁型砷、铝型砷）则不易被生物吸收，毒性较低。在还原条件下亚砷酸盐是主要形态，而亚砷酸盐在土壤中的溶解度较高，毒性也较强。不同理化性质的土壤对砷的固定能力差异悬殊，因而砷在土壤中的形态及其比例也大不相同。相同含量的砷在不同土壤中的生物有效性和毒性可能有很大差异。由于砷元素上述这种特殊的化学特性使得其在吸附、解析、浸提活化和化学转化过程中的考虑因素要比一般的重金属复杂。

吸附和解吸作用是影响土壤中含砷化合物的迁移、残留和生物有效性的主要过程。土壤质地、矿物成分的性质、pH 值、氧化还原电位（E_h）、阳离子交换量（CEC）、阴离子交换量（AEC）和竞争离子的性质都会影响到吸附过程及砷的形态分布；其中土壤的矿物成分和 pH 值是两个最重要的因子，而且这两个因子常联合起作用。

吸附态砷向溶解态砷转化主要与土壤 pH 值、氧化还原电位（E_h）有关。升高 pH 或者降低 pE 都将增大可溶态砷的浓度。在氧化性土壤（pE + pH > 10）中，As(Ⅲ）为主要形态；而 As(Ⅴ）是还原条件下（pE + pH < 8）的主要形态；在碱性土壤中，由于胶体上的正电荷减少，对砷的吸附能力减弱，砷的可溶性增大。研究发现改变土壤的 pH 值，将显著改变土壤中水溶态砷的含量。OH^- 或 H^+ 直接或间接地参与了砷的吸附－解吸过程，pH 值的变化可促进土壤表面配位砷酸根离子发生质子离解或缔合，从而影响土壤表面对砷酸根离子的吸附与解吸。

大量的有机、无机离子在土壤和溶液中存在，如 Cl^-、SO_4^{2-}、PO_4^{3-} 及来源于土壤根系的分泌物、植物残留物的降解物等有机离子。这些离子因与砷竞争吸附位点而不同程度地影响土壤对砷的吸附。磷对砷的影响研究表明，磷和砷在土壤中可以相互竞争土壤胶体上的吸附点位，PO_4^{3-} 可以加速土柱中 As^{5+} 的向下移动。

周娟娟等研究结果证实了磷和砷的化学性质相近，在土壤中存在竞争吸附的关系，提高溶液磷浓度能够减少土壤对砷的吸持能力，并增加砷从土壤中的解吸量。在磷浓度较低的情况下，这种影响尤其显著，砷的解吸量与磷浓度呈极显著的线性相关关系。根际土壤中，磷砷共存下根分泌物中有机酸比单一加砷时多。根系分泌物主要通过竞争吸附、酸化溶解、还原作用和螯合作用活化土壤中的 Al-As，Fe-As，从而减少 Al-As，Fe-As，增加 Ca-As。普遍认为 PO_4^{3-} 或 MoO_4^{3-} 可替换土壤已吸附的砷，同时土壤中的磷也会显著地抑制土壤（特别是黏土矿物）对砷的吸附；但 Cl^-、SO_4^{2-} 和 NO_3^- 对砷吸附影响很少，可能是因为它们与砷的吸附机制不同。用很高浓度的 PO_4^{3-} 溶液可替换出土壤中总砷的77%，同时水溶性的砷可被重新分配到土壤剖面的更底层。另外吸附解吸是一个受热力学影响的过程，故温度对吸附解吸有较大影响。

土壤中微生物的活动对砷化合物的形成起着重要的作用，因此微生物对土壤中砷的转化、迁移和毒性扮演着一个重要的角色。由于微生物的活动，亚砷酸盐As(Ⅲ）和砷酸盐As(Ⅴ）能被氧化和降解。无机砷化合物可以被生物甲基化转化成有机态甲基胂酸（MMAA)、二甲基胂酸（DMAA）和三甲基胂酸(TMAO)。同时其他微生物可以去甲基化，使有机态转化为无机态。在土壤中，水溶性砷的化合物As(Ⅲ）和As(Ⅴ）能被微生物转化为气态砷化氢（胂)[AsH_3]，MMAA转化为甲基胂［MMA，$AsH_2(CH_3)$]，DMAA转化为二甲基胂［DMA，$AsH(CH_3)_2$］和TMAO转化为三甲基胂［TMA，$As(CH_3)_3$］。因此砷的演化主要依赖于土壤中砷的存在形态，而且砷常从甲基化的形态中形成。砷降解和甲基化的速率还依赖于土壤湿度、土壤温度、不同形态砷的丰富程度、土壤中微生物的数量及pH值等，且随这些条件变化而变化。

砷进入土壤后，一小部分留在土壤溶液中，一部分吸附在土壤胶体上，大部分转化为复杂的难溶性砷化物。因此，酸性土壤中以铁型砷占优势，碱性土壤以钙型砷占优势，水溶态的砷含量很低，一般小于总砷的5%。如宋书巧对刁江沿岸被砷污染农田的分析数据表明，闭蓄态砷含量占总砷含量的65.76%，Ca-As占23.33%，Fe-As占8.1%，Al-As占2.55%，水溶态As占0.37%。

不同类型土壤的含砷量不同，我国土壤中砷的含量各地差异很大。进入土壤中的砷能够在48h内被土壤快速的吸附固定，在接下来的几个星期吸附就非常缓慢了。另外土壤加入不同浓度砷后，土壤中砷的形态分布发生明显变化。随着加砷量的增加，土中各种砷形态含量均增大。固定态砷占总砷的百分数随砷浓度增加明显增加，而水溶态砷、交换态砷、活性砷占总砷的百分数则随砷浓度增加明显降低。与磷相似，砷大部分被胶体吸附，或和有机物络合、螯合，或与铁、铝、钙离子结合形成难溶性化合物而累积在土壤表层，主要以 AsO_4^{3-}、AsO_3^{3-} 形式存在。但是随着作物的生长，条件的变化以及人为耕翻土层也可发生向剖面下部的迁移。土壤中活性铁和铝直接随土壤中黏粒含量的增加而增多。土壤对砷的吸附性与砷的有效性密切相关，影响土壤砷有效性的因素很多，土壤 pH 值影响砷的有效性，pH 值越高，土壤对砷的吸附性越差，土壤溶液中总砷的含量就越大。改变土壤 pH 值，将显著地改变土壤中水溶态砷的含量，土壤对砷的吸附力较强，在 pH = 4 左右，吸附量最大，当 pH > 10 或 pH ≪ 1 时，土壤颗粒对砷的吸附量很少，土壤中的砷主要以水溶态存在。

土壤中的某些细菌、酵母菌等真菌可以使土壤中的砷甲基化而逸出气体砷，但砷污染土壤后土壤的细菌、真菌、放线菌数量明显减少，因而造成土壤的呼吸作用、土壤酶系统、碳氮代谢等受到抑制，从而提高了土壤砷的有效性并增强其对植物的毒害。

吸附和解吸作用是影响土壤中含砷化合物的迁移、残留和生物有效性的主要过程。土壤质地、矿物成分的性质、pH 值、E_h 和竞争离子的性质都会影响到吸附过程；其中土壤的矿物成分和 pH 值是两个最重要的因子，而且这两个因子常常联合起作用。

2.1.3 土壤砷污染的治理方法

土壤作为一个开放的缓冲动力学系统，在与周围环境进行物质和能量的交换过程中，给外源重金属提供了进入该系统的途径。土壤砷污染是有色金属选冶过程中常常会出现的伴生问题，砷并非植物的必需元素，虽然有研究表明少量砷存在有助于植物的生长，但是大量的砷存在对于动物和植物以及人类的健康造成重大威胁。中国是受砷污染最为严重的国家之一，新疆、内蒙古、湖南、云南、广西、广东等省的砷污染都比较严重。

砷是一种变价元素，具有剧毒、致畸、致癌和致突变效应，砷污染已严重损害了土壤、水体和大气的环境质量。鉴于重金属的理化特性和生物毒性，土壤一旦受到其污染，就会对人类健康带来极大危害，也会给环境、经济、社会造成了巨大损失。因此，如何有效地控制和修复土壤重金属污染，已成为环境科学与工程领域重点关注和研究的热点之一。

目前，土壤重金属污染修复技术的基本原理主要有固化作用（immobilization）和活化作用（mobilization）。前者将重金属或土壤颗粒转化为（暂时的）非活动状态，以降低土壤中重金属的质量迁移速率；后者将重金属或土壤颗粒转化为活动状态，以增加土壤中重金属的质量迁移速率。围绕这两个方面，国内外相继研究和提出了许多具有理论意义和实践价值的方法。

归纳起来，土壤重金属污染修复技术可分为物理修复、化学修复和生物修复技术三大类。其中物理修复包括固定化、电热修复、滤膜过滤法、电动修复等；化学修复包括施加淋洗剂（或酸）提取、沉淀/共沉淀法、吸附法、离子交换法(ion-exchange)等；而生物修复包括微生物修复和植物修复两方面，其中植物修复技术可以分为如下五种类型：植物萃取（提取）、植物（根际）降解、植物稳定（固定）、植物挥发和根际过滤。其中植物提取（Phytoextraction）是指将某种特定的植物种植在重金属污染的土壤和水体上，而该植物对基质中特定的污染元素具有特殊的吸收富集能力，将植物收获并进行妥善处理（如灰化回收）后即可将该重金属移出土体和水体，达到污染治理与生态修复的目的。以砷超富集植物蜈蚣草进行砷污染土壤修复在国内外研究均较多。具体修复技术如下。

2.1.3.1 砷污染土壤物理修复

砷污染土壤物理修复主要包括如下几种类型：

(1) 固化/稳定化：用物理的手段将含 As 污染物束缚在稳定的物质中，再用化学的方法将其转化为较低溶解度、较小移动性和较低毒性的形式；

（2）玻璃化：用高温的手段将金属化合为不易淋洗的玻璃化的物质以减少其移动性，该过程还可以导致污染物的挥发，从而减少土壤中的含 As 污染物；

（3）冶炼回收法：用加热的方法将含 As 污染物转化为高含量的、可重新利用的产品或商品；

（4）滤膜过滤法：将污水通过半透膜，其中部分污染物被截留下来，从而起到净化作用；

（5）吸附法：将污水通过装有吸附剂的柱子，污染物被吸附于吸附剂的表面从而减少溶液中污染物的浓度；

（6）离子交换法：在静电的作用下，污染物通过与其具有相似交换能力的离子发生交换而吸附于固体吸附剂的表面，这种固体吸附剂通常放置在柱子中，污水通过该柱子后可使其污染物减少；

（7）电动处理法：将电极插入土壤，通弱电流，使得水、离子和一些微粒在土壤中移动，它们在电极附近可以发生电解、电沉淀、共沉淀、吸附等作用，通过转移电极或电极附近的土壤就可以降低土壤中污染物的浓度。

2.1.3.2 砷污染土壤化学修复

砷污染土壤化学修复主要包括如下几种类型：

（1）土壤淋洗/酸提取：利用含 As 污染物优先附着在土壤黏粒上的特点，将土壤倒入淋洗液，这样大量黏粒悬浮在溶液中，从而减少土壤中的污染物；

（2）原位淋洗法：将水或溶解化学物质的溶液注入污染土壤中，活化其中污染物的移动性，使其随水或溶液泵到地表，从而净化土壤；

（3）沉淀/共沉淀法：用化学物质将水体中污染物从可溶的形态转化为不溶的形态，形成的不溶物质进一步吸附其他污染物，当这些不溶物质被净化或过滤，污染物即被移出环境；

（4）渗透活性屏障法：在引起水体污染的污染源处修建具有活性的屏障物，使水通过的同时，将污染物通过沉淀、降解、吸附活离子交换而留于屏障物的表面，从而净化水体。

2.1.3.3 砷污染土壤生物修复

主要包括微生物修复和植物修复，其中微生物修复以挥发和降解有机态砷为主，植物修复（phytoremediation）是指利用植物提取、吸收、挥发、分解、转化或固定土壤、沉积物、污泥、地表水或地下水中有毒有害污染物的技术总称。包括植物萃取、植物降解、植物稳定、植物挥发和根际过滤五种类型。

植物修复类型及其应用状态如表2－1所示。

表2－1 金属等有毒有害元素的植物修复类型

修复类型	修复目标	污染物介质	污染物	所用植物	应用状态
植物萃取	提取、收集污染物	土壤、沉积物、污泥	Ag、As、Cd、Co、Cu、Hg、Mn、Mo、Ni、Pb、Zn、Sr、Cs、Pu、U	印度芥菜、褐蓝菜、向日葵、杂交杨树、蜈蚣草	实验室、中试及野外工程试验均已开展
根际过滤	提取收集污染物	地下水、地表水	重金属，放射性元素	印度芥菜、向日葵、水葫芦	实验室及中试
植物固定	污染物固定	土壤、沉积物、污泥	As、Cd、Cr、Cu、Hs、Pb、Zr	印度芥菜，向日葵、草	工程应用
植物挥发	从介质中提取污染物挥发至空气中	地下水、土壤、沉积物、污泥	有机氯溶剂，As，Se，Hg	杨树、桦树、印度芥菜	实验室、野外工程应用

注：本表摘自蔡保松，2004。

其中植物修复的对象既包括砷、汞、铅、锌、镉、铜、镍、锰、铬、钴、硒、铀、铯、锶等重金属、类金属和放射性元素，也包括农药、炸药、有机氯溶剂、多环芳烃、防腐剂等有毒有机污染物；用于植物修复的植物，既包括高大的乔木如杨树、柳树及野生的灌木、草本等，也包括农作物如向日葵、玉米、烟草、芥菜，还包括水生植物如浮萍、水葫芦等多种多样的植物种类；植物修复的介质既包括固相的土壤沉积物、污泥，也包括液相的地下水和地表水；植物修复的过程既包括对污染物的吸收和清除，也包括对污染物的原位固定或分解转化；植物修复是植物、土壤和根际微生物相互作用的综合效果，涉及土壤化学、植物生理生态学、土壤微生物学和植物化学等多学科研究领域；植物修复过程受植物本身、土壤物理化学性质（包括土壤结构、水分、黏粒组成、有机质含量与组成、pH 值）、土壤根际微生物及土壤中其他化学元素等多种因素的影响。

近年来，对于超富集植物的筛选及植物提取技术的应用备受青睐。国内外目前已发现 10 余种砷超积累（超富集）植物，它们全是蕨类并且大多属于凤尾蕨属。蜈蚣草（*Pteris vittata* L.）为多年生蕨类植物，是世界上发现的第一种砷超富集植物，同时也是我国境内发现的第一种重金属超富集植物。蜈蚣草广泛分布于我国秦岭以南的各省市。蜈蚣草喜钙质土，具有广泛的环境适应性，甚至可以在石灰性土壤、岩石缝或含砷 23400mg/kg 的贫瘠矿渣上生长。野外生长时，地上部分生物量可以高达 $36t/hm^2$。

蜈蚣草根系分泌物有加速砷溶解向地上部为转运的趋势，这对于调控蜈蚣草修复土壤砷污染有重要意义。砷胁迫下蜈蚣草根分泌物主要为植酸和草酸，两种酸分泌的量分别为非砷超富集植物的 0.46 ~ 1.06 倍和 3 ~ 5 倍，表明根分泌物能将土壤砷活化并有效转移至叶片。作为磷的类似物，砷能经磷转运系统通过质膜，一旦进入细胞质，便能与磷发生竞争反应，例如，它能取代 ATP 中的磷形成不稳定的 ADP-As，从而对细胞能量流动产生干扰。然而与其他重金属相比，人们对类金属砷胁迫下植物的生理反应研究还不够充分。

蜈蚣草为多年生植物，生物量比较大，其组织含砷量具有羽片>叶柄>根状茎的分布特点。蜈蚣草既能在土壤砷含量较低的情况下富集大量的砷，也能在土壤含砷量很高的情况下正常生长，富集大量的砷。比如在土壤含砷量为 135×10^{-6} 时，其羽片、叶柄和根的含砷量分别为 8350×10^{-6}、150×10^{-6} 和 88×10^{-6}。根据宋书巧等对广西南丹县境内砷严重污染区蜈蚣草生物量的分析，其单支叶片高可达 140cm，鲜重可达 33g，干重 6.6g，在生长茂密的地方，每平方米面积上可以有这样的叶片 120 支左右，也就是说，每公顷蜈蚣草干重可达 8t 左右，按地上部分含砷量为 $700\times10^{-6}\sim800\times10^{-6}$ 估算，通过收割地上部分，每年可从每公顷的土层中清除 6kg 左右的砷。随着蜈蚣草等公认砷超富集植物的发现，植物修复在土壤砷污染修复中逐渐受到重视，目前已经在云南红河、湖南郴州等地进行了砷污染土壤修复示范基地的建设。

综上所述，超富集植物在污染土壤修复中具有很大的应用价值，了解其强化方法，对于提高土壤修复效率具有重要意义。另外从上面的论述可以看出，不少超富集植物生命力旺盛，耐贫瘠、耐污染，抗逆能力强，可以应用于土壤污染修复之外的很多领域，如有色金属选冶的预处理和尾矿的生态恢复。选择富集能力高的蜈蚣草种源和有效的强化技术对提高植物修复效率及金矿预处理除砷等有着重要的应用价值。但是任何单一技术都有其一定的缺陷，植物修复虽然具有绿色、环保、经济等优势，但是往往由于土壤中有效态砷含量低，生长慢等原因导致修复效率低，因此要进行调控强化植物修复的进行，这就需要一项综合技术来完成。综合技术可以弥补单一技术的缺陷，有利于在短时间内推上市场。例如将电化学、土壤淋洗法和植物提取综合应用到土壤修复中，则比使用任何单一方法效果要好。

2.2 砷超富集植物筛选及研究近况

2.2.1 砷超富集植物的发现

重金属超富集植物是指能够大量吸收并在体内积累重金属的

一类特殊植物。这一概念最初是1977年由新西兰的生物地球化学家Brooks提出的，当时仅针对Ni超富集植物而言，而后扩充到其他重金属上。不同重金属元素的超富集植物定义标准也不同。一般认为，超富集植物体内重金属的含量分别要达到：10mg/kg（Hg）、100mg/kg（Cd）、1000mg/kg（As、Co、Cr、Cu和Pb）、和10000mg/kg（Mn和Zn）。此外，超富集植物的另一重要特征是其地上部与根部重金属含量之比要大于1，即重金属在超富集植物中的分布是地上部浓度大于地下部浓度。迄今为止，世界上共发现并报道的超富集植物大多数是镍超富集植物。

自从Ma等和陈同斌等独立发现凤尾蕨属植物蜈蚣草（*Peteris vittata* L.）可以超量积累As以来，相继又报道发现了另外几种As超富集植物：粉叶蕨（*Pityrogramma calomelanos*）、欧洲凤尾蕨（*Pteris cretica*）、大叶井口边草（*Pteris cretica* Var. nervosa.）、金钗凤尾蕨（*Pteris fauriei*）、斜羽凤尾蕨（*Pteris oshimensis*）、紫轴凤尾蕨（*Pteris aspericaulis*）和井栏边草（*Pteris multifida*）、*Pteris longifolia* 及 *Pteris umbrosa* 等。其中蜈蚣草以其生物量大、富集能力强等诸多优点成为As超富集植物的研究重点，倍受国内外学者的重视，相关的理论研究也陆续开展起来。

超富集植物通常具有如下三个特点：对重金属的吸收量大、将重金属由地下部至地上部的转运能力强和地上部对重金属的耐性强。蜈蚣草则具备以上三个特点。首先，蜈蚣草中As浓度的分布规律是羽片 > 叶柄 > 根部，说明蜈蚣草对As有较强的转运能力；其次，蜈蚣草地上部As浓度在多数试验条件下均可超过5000mg/kg（干重），远超过一般植物体内的砷含量；最后，多数研究表明，蜈蚣草地上部As浓度在超过1000mg/kg时，没有中毒症状，表明蜈蚣草具有很强的As耐性。在展开关于机理研究的同时，实地修复As污染土壤的研究也在同时进行。

蜈蚣草生物量大，株高可达1.5m，广泛分布于热带、亚热带地区，耐贫瘠。蜈蚣草对砷具有显著的耐性，在砷含量500mg/kg的污染土壤和23400mg/kg的尾矿砂上都能正常生长。

在中度污染区蜈蚣草的生物量最大，达到4595.9kg/hm^2，显著大于轻度污染区（2849.5kg/hm^2）和重度污染区（2460.4kg/hm^2）蜈蚣草的生物量（$P<0.05$），说明一定浓度的土壤砷（约60mg/kg）可以促进蜈蚣草的生长。韦朝阳等对中国南方广泛分布的蜈蚣草调查分析表明，蜈蚣草对As污染土壤植物修复具有很大的潜力。蜈蚣草生长的土壤As含量范围为33.7～1396mg/kg，相应地，蜈蚣草地上部As含量范围为48.5～1104mg/kg。除阳离子交换量（CEC）外，不同采样地区蜈蚣草生长土壤的pH值、总有机质（TOM）和土壤机械组成均存在显著差异，说明野外蜈蚣草可生长在不同性质的土壤上。基于回归分析的预测模型显示，蜈蚣草对As污染土壤的植物修复效率随土壤As含量的增加而逐渐降低，蜈蚣草较适用于轻度As污染土壤的修复，对于高As污染土壤，需结合其他修复措施进行。

2.2.2 蜈蚣草超富集特性及机理研究进展

自从发现蜈蚣草对As的超富集能力后，蜈蚣草就引起人们的广泛关注，迄今国际学术刊物上已有近百篇关于蜈蚣草的研究报道，涉及蜈蚣草对As的吸收富集特征、分布形态变化、吸收富集机理及不同元素间交互作用等。周宝利在湖南郴州的蜈蚣草修复基地上对中度污染区2年生和4年生蜈蚣草根际土壤微生物数量进行了分析，发现二者没有显著差异，表明在植物修复过程中，蜈蚣草根际可能已形成稳定的适应性微生物群落。虽然砷耐性植物芒草（170.45mg/kg）根际土壤的砷含量高于蜈蚣草（146.29mg/kg），但根际土壤的有效态砷含量则是蜈蚣草（6.11mg/kg）显著高于芒草（3.36mg/kg）（$P<0.05$），表明蜈蚣草可以活化根际土壤稳定态的砷。

除$FeAsO_4$和$AlAsO_4$因难溶外，蜈蚣草能有效去除添加在土壤中的NaMMA、CaMMA、K_2HAsO_4、Na_3AsO_4和$Ca_3(AsO_4)_2$等形态砷。采用同步辐射X射线荧光技术（SRXRF）的研究表明，蜈蚣草羽叶中脉上砷浓度比两侧组织高，这种分布差异在叶尖表现最为明显，羽叶中脉中砷具有较强的向两侧叶肉组织转运的趋势，即具有较强的木质部卸载能力。植物体内迁移能力较强的大量元素 K 的分布与 As 最为相似，而迁移能力较弱的 Fe 和 Ca 的分布与 As 呈相反的趋势。表 2 – 2 是近年来国内外所报道的蜈蚣草砷富集量。

表 2 – 2 文献报道的蜈蚣草砷富集量

条件	蜈蚣草来源	土壤中砷含量/mg · kg^{-1}	蜈蚣草地上部最大砷含量或范围/mg · kg^{-1}	文 献
野外调查	泰国锡矿区	1000	6030	Visoottivisethi 等，2002
	美国佛罗里达木材防腐剂厂	18.8 ~ 1603	1442 ~ 7526	Ma 等，2001
	中国湖南砷矿区	50 ~ 23400	120 ~ 1540	陈同斌等，2002
		1127	1600	韦朝阳等，2002
	中国广东、广西砷矿区和砷伴生多金属矿区	386 ~ 42735	57 ~ 9677	王宏镔，2005
	中国贵州、广东、广西、云南	11 ~ 7017	4.5 ~ 3995	韦朝阳等，2008
土培处理	美国佛罗里达木材防腐剂厂蜈蚣草孢子幼苗	98	13800	Tu 等，2002
		1500	15861	Ma 等，2001
		600	7395	Cai 等，2004
	中国湖南砷矿区	400	4382	陈同斌等，2002
室内盆栽	英国蜈蚣草孢子育苗	67 ~ 4550	84 ~ 3600	Caille 等,2004
水培处理	美国佛罗里达木材防腐剂厂蜈蚣草孢子幼苗	5 ~ 78	103 ~ 392	Tu 等，2004
	英国牛津植物园孢子幼苗	2000	27000	Wang 等,2002

注：本表参考王宏镔，2005；韦朝阳，2008。

在蜈蚣草砷积累机理方面，陈同斌等研究表明，蜈蚣草羽片胞液（包括细胞液和液泡胞液）是砷的主要储存部位，液泡胞液对砷具有非常明显的区隔化作用，这种区隔化作用可能是蜈蚣草能够解除砷毒的重要原因。李文学等研究表明在加砷处理中，蜈蚣草的表皮、羽叶毛状体存在有明显的砷峰，并且毛状体中砷的含量分别为表皮细胞与叶肉细胞的2.4和3.9倍，在同一毛状体中，帽细胞中的砷含量较低，而在节细胞和基细胞中的砷含量较高。这一发现为揭示蜈蚣草富集砷和耐砷毒的机理提供了新的线索。

蜈蚣草体内的砷主要富集在地上部，各部位含砷量依次为毛状体 > 羽叶细胞 > 地下茎 > 叶柄 > 根。羽叶是蜈蚣草体内砷含量最高的、富集砷的主要部位，而羽叶毛状体的砷含量又明显高于羽叶，因此，羽叶的毛状体是目前已知的含砷量最高的植物细胞。高浓度砷的机理至今仍不完全清楚，初步认为蜈蚣草将吸收的砷转移和贮存到毛状体中，使其不再对母体植株产生毒害作用，从而起到区隔化作用，达到减轻砷对蜈蚣草毒害的目的。

目前，已有部分关于超富集植物中存在不同生态型差异的报道。杨肖娥等通过调查我国东南部古老 Pb、Zn 矿和非矿山生境中 Zn 超富集植物东南景天（*Sedum alfredii* Hance）的种群，发现长在古老 Pb、Zn 矿上的东南景天生态型比非矿山生态型植株的茎粗、叶片大、植株高，而且在相同 Zn 浓度条件下，矿山生态型地上部 Zn 浓度含量比非矿山生态型的高 30 倍左右。由此看出，超富集植物的不同生态型不仅存在外部形态遗传物质上的差异，富集能力也不同。

鉴于此，蔡保松研究了分布于我国不同地区的蜈蚣草基因型的生长特性、耐砷性和砷富集特性，结果显示蜈蚣草基因型间株高、羽叶数、芽孢数、地上部生物量和根部生物量均有显著差异，不同基因型间砷富集能力也有显著差异，供试基因型的砷富集系数和转运系数分别变化在 17.2 ~ 81.9 和 10.8 ~ 50.4。这为筛选富集能力强的蜈蚣草基因型提高修复效率奠定了基础。

普遍认为，植物对砷的吸收是通过磷运输系统吸收的。植物能够忍耐一定的砷毒害，是因为植物内部存在着砷的解毒机制。一般认为，植物对砷的解毒是通过把砷还原成 As(Ⅲ)，然后 As(Ⅲ) 和巯基（—SH）结合，特别是和植物螯合肽结合，但是还没有得到直接证据。也有研究表明，蜈蚣草根系吸收砷以 As(Ⅲ) 和 As(Ⅴ) 为主，根部存在与谷胱甘肽（GSH）结合的砷，以 As-O 形式转运至地上部，但是在羽叶中没有发现与谷胱甘肽（GSH）结合的砷，在羽叶和叶柄中砷都以 As(Ⅲ) 存在，说明了砷在植物体内存在着一定的迁移转化。

叶片是植物进行光合作用的器官，但不同部位具有光合作用的异质性。砷非植物所必需的元素，正常植物叶片中砷质量分数通常小于 3mg/kg。过高的砷将抑制植物正常的生理过程，甚至死亡，高等植物光合作用往往更为敏感。蜈蚣草羽叶大量积累砷，对于光合作用的影响也逐渐展开研究。邓培雁等对蜈蚣草进行模拟砷污染研究后，结果表明尽管蜈蚣草能够对砷超量吸收并且有效向地上部分转移，但 F_v/F_m 显著下降，反映蜈蚣草光合作用受到明显的砷胁迫。P_m、I_k 的下降反映出蜈蚣草光耐受能力和电子传递能力在砷胁迫下逐渐减弱；α 下降不明显反映蜈蚣草捕光能力在砷胁迫过程中始终维持较高水平，砷胁迫并未对蜈蚣草捕光系统造成明显伤害。

谢飞等采用室内水培模拟砷胁迫（0 ~ 50mg/LAs）试验方法，研究了砷胁迫对砷超富集植物大叶井口边草（*Pteris cretica* nervosa）和非砷超富集植物剑叶凤尾蕨（*Pteris ensiformis*）叶片的过氧化氢酶（CAT）、过氧化物酶（POD）、超氧化物歧化酶（SOD）、抗坏血酸过氧化物酶（APX）活性以及丙二醛（MDA）含量和自由基产生速率的影响，并研究了 25mg/L As 处理下上述 6 种指标的时间动态。结果表明，大叶井口边草比剑叶凤尾蕨具有更强的抗氧化能力，其中 POD 在其抗氧化体系中起着关键作用。

2.2.3 影响超富集植物吸收富集砷的主要因素

一般认为砷不是植物必需元素，但是土壤中砷可以被植物吸收进入体内，少量的砷还可以刺激植物生长。土壤砷的存在形态及其有效性往往比总量更重要，因为生物有效性和毒性依赖于砷的形态。影响砷有效态的因素常常也能够影响超富集植物对砷的吸收富集。

2.2.3.1 土壤理化性质

土壤环境中砷的来源是多方面的，包括自然源和人为源。未受污染的土壤中 As 浓度通常低于 10mg/kg。人类活动和地质原因可以导致环境中出现局部高砷现象。引起环境 As 浓度增加的自然因素主要有：含 As 母质的矿化、火山喷发等。自然界中含砷矿物有 200 多种，包括三种类型：硫化物、氧化物（及含氧砷酸盐矿物）和金属砷化物。因为砷的亲硫性，所以常见含砷矿物多以硫化物形态存在，砷的硫化物有 60 ~ 70 种之多。如最常见的有毒砂（FeAsS）、砷铁矿（$FeAs_2$）、雄黄（AsS/As_4S_4）、雌黄（As_2S_3）、臭葱石（$FeAsO_4 \cdot 2H_2O$）等矿物。

根际土壤中重金属的有效性含量大小受土壤理化性质影响，决定于植物 - 土壤系统中的吸附 - 解吸，沉淀 - 溶解和氧化 - 还原的平衡。土壤理化性质如土壤质地（土壤机械组成）、阳离子交换量（CEC）和氧化还原电位（E_h）等均可以影响土壤重金属的有效性。一般地，沙性和有机质含量低的土壤由于阳离子交换量低，重金属有效态含量也低，而黏性和有机质含量高的土壤则重金属有效态含量也高，后者更有利于超富集植物对重金属的吸收富集。

砷是一种变价元素，在环境中可以不同氧化状态（-3、0、+3、+5 价）、有机态（单甲基胂 MMA 和二甲基胂 DMA 等）和无机态（砷酸盐和亚砷酸盐）存在。由于砷元素这种特殊的化学特性使得其在吸附、解吸、浸提活化和化学转化过程中的考虑因素要比一般的重金属复杂。多数研究表明，砷在土壤中以无机态为主，在氧化条件下以 As(Ⅴ) 为主，在长期淹水还原条件下以 As(Ⅲ) 为主。它主要以水溶态砷、吸附态砷和难溶性砷三种形态存在于土壤中，其中水溶态砷和吸附性砷为土壤活性砷，易被植物吸收。难溶性砷又分为铝型砷（Al-As）、铁型砷（Fe-As）、钙型砷（Ca-As）和闭蓄态砷（O-As），也有把闭蓄态砷称为残渣态砷（Res-As）。其中 Al-As、Fe-As 对植物的毒性比 Ca-As 低，酸性土壤中以 Fe-As 占优势，碱性土壤中则以 Ca-As 为主。不同理化性质的土壤对砷的固定能力差异悬殊，因而砷在土壤中的形态及其比例也大不相同。相同含量的砷在不同土壤中的生物有效性和毒性也会有很大差异。

吸附和解吸作用是影响土壤中含砷化合物的迁移、残留和生物有效性的主要过程。土壤质地、矿物成分的性质、pH 值、氧化还原电位（E_h）、阳离子交换量（CEC）、阴离子交换量（AEC）和竞争离子的性质都会影响到吸附过程及砷的形态分布；其中土壤的矿物成分和 pH 值是两个最重要的因子，而且这两个因子常联合起作用。

不同类型土壤对砷的吸附性不同，一般是砖红壤 > 红壤 > 黄棕壤、褐土 > 棕壤 > 潮土。土壤黏粒矿物类型对砷吸附有较大影响，一般地，蒙脱石 > 高岭石 > 白云石。

吸附态砷向溶解态砷转化主要与土壤 pH 值、氧化还原电位（E_h）有关。升高 pH 或者降低 pE 都将增大可溶态砷的浓度。在氧化性土壤（$pE + pH > 10$）中，As(Ⅲ) 为主要形态；而 As(Ⅴ) 是还原条件下（$pE + pH < 8$）的主要形态；在碱性土壤中，由于胶体上的正电荷减少，对砷的吸附能力减弱，砷的可溶性增大。研究发现改变土壤的 pH 值，将显著改变土壤中水溶态砷的含量。OH^- 或 H^+ 直接或间接地参与了砷的吸附－解吸过程，pH 值的变化可促进土壤表面配位砷酸根离子发生质子离解或络合，从而影响土壤表面对砷酸根离子的吸附与解吸。

土壤中不同离子环境对于吸附态砷的能力也有影响：一方

面，铝、铁能够与砷形成难溶性沉淀；另一方面也能够大量吸附砷，因此铁、铝吸附砷能力最强，其次是钙和镁，能够形成难溶性沉淀，也能够增加土壤对砷的吸附能力，而钾、钠、铵等一价阳离子则不能与砷形成难溶性沉淀，也基本对土壤吸附砷没有影响。Cl^-、NO_3^-、SO_4^{2-} 对土壤吸附态砷只有极小的影响，而 PO_4^{3-} 对土壤吸附态砷有较大影响。

2.2.3.2 营养元素

磷、砷处于同一主族，具有相似的化学特性，而磷为植物必需元素，砷非植物必需元素，因此砷、磷交互作用研究较为广泛，但是二者之间到底是拮抗作用还是协同作用仍无明确结论。就砷超富集植物蜈蚣草而言，蜈蚣草对砷酸盐的吸收经过磷酸盐转运系统，还原为亚砷酸盐后以 As(Ⅲ) 在羽叶中储存，而对于亚砷酸盐的吸收则不通过磷酸盐转运系统。在磷、砷处理的水培条件下，磷抑制蜈蚣草对砷的吸收，通过调节溶液 pH 值，可以优化蜈蚣草生长，维持最低可溶性磷和 $pH \leqslant 5.21$，能够达到最大的砷积累量。但是，对于蜈蚣草中砷磷交互作用也有相反的研究报道，陈同斌等研究发现，添加低浓度磷（400mg/kg 以下），对蜈蚣草地上部和地下部的含砷浓度及砷的生物富集系数、地上部总含砷量均没有明显影响；但添加高浓度磷（400mg/kg 以上）则会使其两个部分的三个指标明显升高。在蜈蚣草中，并不存在磷与砷之间的拮抗效应，高浓度时甚至表现为明显的协同效应，由此他们认定砷磷在蜈蚣草中并非完全通过同一系统进行。Xinde Cao 等也得出类似结果，他们认为砷被磷从吸附位点置换出来，增加了蜈蚣草对砷的吸收。周娟娟等研究也表明砷磷存在竞争吸附位点的情况，施加磷酸盐可以提高土壤溶液中砷含量。然而在田间试验的条件下，磷肥对植物吸收砷的试验结果表现得很不一致，施用磷肥引起植物吸收砷增加、不变和减少的结果均有。廖晓勇等的田间试验证明，适量施用磷肥，可以促进蜈蚣草生长，显著提高其生物量，但过量施用磷肥对于生物量无贡献，却使得蜈蚣草地上部位砷含量呈现先增加后降低的趋势。

蜈蚣草体内钾含量与砷往往成正相关，而钙则成负相关。蜈蚣草作为钙指示型植物，一定范围内提高介质中砷浓度促进砷向地上部运输，而钙却明显抑制砷向地上部转运，钙和砷浓度过高时，植株均会出现中毒症状。在砷污染土壤中过量添加钙会抑制蜈蚣草对砷的累积，加大砷对蜈蚣草的毒害。

2.2.3.3 pH、有机质等对砷有效性的影响

土壤 pH 值影响重金属的有效性，一般地，重金属有效态随着土壤 pH 值减小而逐渐增加，但是类金属砷的情况则完全相反，砷在土壤以阴离子形式存在，增加 pH 将使土壤颗粒表面的负电荷增多，从而减弱砷在土壤颗粒上的吸附作用，pH 值越高，土壤对砷的吸附性越差，土壤溶液中总砷的含量就越大。改变土壤 pH 值，将显著地改变土壤中水溶态砷的含量，土壤对砷的吸附力较强，在 $pH=4$ 左右，吸附量最大，当 $pH>10$ 或 $pH\ll 1$ 时，土壤颗粒对砷的吸附量很少，土壤中的砷主要以水溶态存在。在 $pH=4.5\sim 8$ 范围内，李勋光等研究了三种土壤对于 As(Ⅲ)、As(Ⅴ) 的吸附曲线，结果表明，三种土壤对于 As(Ⅲ) 的吸附量随着 pH 增加吸附量增大，对于 As(Ⅴ) 的吸附量却呈现下降的趋势。陈静等研究表明，在盆栽试验不同 pH 值的砷污染土壤中，pH 值升高则溶解在水中的 As(Ⅲ)、As(Ⅴ) 和总砷浓度增大，尤其是当 pH 值超过 7 以后，As(Ⅲ)，As(Ⅴ) 和总砷浓度几乎随 pH 值的升高呈直线关系激增。

一些研究认为，土壤有机质含量与土壤对砷的吸附性无明显相关性。土壤中腐殖质对砷的最大吸附量发生在 $pH=5.5$ 左右，并且与腐殖质类型有关。通常，土壤腐殖质吸附砷（Ⅲ）比砷（Ⅴ）少 20%。

2.2.3.4 转基因提高植物修复效率

由于环境污染发生的速度快、强度大，范围广，构成生物系

统发育过程中从未有过的全新环境形式。自然地，部分在进化过程中长期处于单一环境的生物，很难适应这种环境的变迁，有的分布区退缩到偏僻的地带，有的则会消失；另一方面，污染的选择力大于“自然”环境的选择力，大多的生物因此改变了适应及进化方向，以前主要是对“自然”环境的适应，现在转而对人类改变的污染环境的适应，生命的进化进程程度不同地都要被打上对污染适应的烙印。

习惯上，人们如果把生物种以上的进化称为大进化（macro-evolution），那么种以下，即种内的分化就是微进化（microevolution）。众所周知，种群是物种存在的单位，也是进化和适应的单位。进化从生态遗传学的角度来看，就是种群的基因频率的变化。污染条件下生物的分化和进化问题，目前来看还只是一个微进化的问题。

植物抵抗重金属离子毒害的形式大概可分为以下几种：

（1）避逆性是指植物体采用拒绝吸收金属离子以达到躲开毒害的目的，次机制包括限制重金属离子的跨膜吸收或者通过根基产生有机络合物与重金属反应，使其有效态降低，避免受害；

（2）御逆性指植物利用自身特有的形态结构拒绝污染物的影响，使其在污染物胁迫下仍能进行基本正常的生理活动。即便污染物入侵到植物体中，也不能进入组织，植物体不会因为周围环境的变化受到影响。

（3）耐逆性是指植物虽然受到污染物的胁迫，但通过自身的代谢作用，将重金属存在体内特殊的组织器官中，使之不能对自身造成危害。有时候，避逆性也是耐逆性的一种体现。Baker认为，耐性包括金属排斥性和金属累积性。排斥性是指重金属被植物吸收到体内又通过代谢排出体外；后者包括区室化作用和钝化作用。超富集植物对于重金属的超量积累和忍耐能力的机制各有不同。例如陈同斌等研究表明，蜈蚣草羽片胞液（包括细胞液和液泡胞液）是砷的主要储存部位，液泡对砷具有非常明显的区隔化作用，这种区隔化作用可能是蜈蚣草能够解除砷毒的重要原因。李文学等研究表明在加砷处理中，蜈蚣草的表皮、羽叶毛状体存在有明显的砷峰，并且毛状体中砷的含量分别为表皮细胞与叶肉细胞的2.4倍和3.9倍，在同一毛状体中，帽细胞中的砷含量较低，而在节细胞和基细胞中的砷含量较高。这些是否有遗传基因控制等都需要进一步研究。

转基因生物也叫遗传改性生物（Genetically Modified Organisms，GMOs）或遗传工程生物（Genetically Engineered Organisms，GEOs），指人类按照自己的意愿有目的、有计划、有根据、有预见地运用重组DNA技术将外源基因整合于受体生物基因组，改变其遗传组成后产生的生物及其后代。转入基因的生物个体成为受体生物，而提供目标基因的生物成为供体生物。

按照所转移目的基因的受体类型可以把转基因生物分为转基因植物、转基因动物、转基因微生物和转基因水生生物四类。转基因技术在农业、医药和环境保护与污染治理方面都具有广阔的应用前景。1983年世界上诞生了第一株转基因植物。

遗传上的适应性反应表现在两个方面，一是基因表达水平上的变化，二是遗传基因自身的变化。关于多基因控制污染抗性问题，有的认为是数个大基因控制，有的认为是微效多基因控制。从目前的工作积累来看，抗性主要是一种数量性状，这些数量性状是几个大基因控制的，还是很多微效多基因控制的，没有原则上的界限，只是程度不同而已。由于对抗性是通过生物的生长反映出来的，而生长是很多基因共同控制的一个综合生理过程，所以即使是单一主基因控制抗性，但抗性识别的方法决定了我们认识的所有抗性以及与抗性有关的性状都是数量性状。而超富集植物的特殊抗性和耐性是否有遗传学的进化适应还需要进一步研究，从而为把这些基因用于遗传改良奠定基础。

近来，已经试验了一些基于基因工程的植物修复策略，如在油菜（*Brassica napa*）中表达阴沟肠杆菌（*Enterobactercl oacae*UW4）的1－氨基环丙烷－1－胺酸盐（ACC）脱氨酶（Nie *et al.*，2002）以及将大肠杆菌（*Escherichia coli*）中编码砷还原酶的基因 arsC 和编码 Y－谷氨酰半胱氨酸合成酶（Y－ECS）的基因在拟南芥（*Arabidopsisth aliana*）中表达，均能提高植物对砷的富集能力。然而，由于尚不清楚的重金属超富集机制和日益增加的公众对转基因植物释放的担忧，转基因技术的实际运用尚有一段时日。此外，由于矿业活动的影响，超富集植物正受到灭绝的威胁，必须采取措施保护其生物多样性。在这种情况下，较为稳妥的做法是在研究基因工程技术的同时，寻找“自然”超富集植物并探究传统的植物育种技术。

2.2.4 目前发现的砷超富集植物的砷积累能力

由于对人、动植物的高毒性和致癌性，长期以来砷一直是公众关注的一种污染物。据报道，在孟加拉成千上万的人因饮用砷污染的地下水或摄入含砷农作物，从而产生砷毒害症状。作为一种经济有效和环境友好的污染土壤修复技术，绿色植物（特别是超富集植物）已被用于去除土壤、水体中的有毒金属元素（即“植物修复”）。目前全世界已报道了 500 余种超富集植物，并只有少数几种为砷超富集植物。前边表 2－2 整理了蜈蚣草（*Peteris vittata* L.）对于 As 的富集量。国内王宏镔在博士论文研究期间，相继又报道发现了另外三种 As 超富集植物：金钗凤尾蕨（*Pteris fauriei*）、斜羽凤尾蕨（*Pteris oshimensis*）和井栏边草（*Pteris multifida*）。值得注意的一个有趣现象是，目前发现的砷超富集植物大多数是蕨类植物并且其中多属于凤尾蕨科凤尾蕨属。因此，蕨类植物（特别是凤尾蕨属中的种类）可能超富集砷的现象值得进行深入研究。

王宏镔对广东和广西 12 个砷污染区 11 科 16 属 25 种蕨类植物（其中凤尾蕨属植物 5 种）砷含量进行了野外调查，对植物羽片和相应根区土 As 含量测定表明，25 种所调查的蕨类植物中，井栏边草（*P. multifida*）、斜羽凤尾蕨（*P. oshimensis*）、金钗凤尾蕨（*P. fauriei*）、蜈蚣草（*P. vittata*）和大叶井口边草（*P. cretica* var. *nervosa*）5 种能超富集砷，羽片平均砷含量分别为

1977（范围 624 ~ 4056）、789（301 ~ 2142）、1362（514 ~ 2134）、3892（57 ~9677）和 2007（1162 ~ 2363）mg/kg（干重，下同）。井栏边草 5 样点 49 个样品中的 44 个、斜羽凤尾蕨 1 样点 13 个样品中的 3 个以及金钗凤尾蕨 1 样点 12 个样品中的 8 个样品，羽片砷含量均超过 1000mg/kg，并且羽片砷含量均高于根部。这 3 种植物根区土壤中砷含量变动范围为 386 ~ 42735mg/kg，但二乙三铵五醋酸（DTPA）提取态较低，最大值为 65mg/kg。其中蜈蚣草羽片中检测到 9677mg/kg 的砷含量，这比先前报道的生长在美国佛罗里达中部 Cr-Cu-As 污染土壤上同种植物高（4980mg/kg）。

基于野外采样所得的结果可能会引起误解，特别是在高污染土壤里，植物组织受外源污染（如尘埃颗粒物）很难和其内部本身的含量区分开来，因此在受控和标准条件下进行盆栽实验是必要的，以此克服野外调查的缺陷。由于蜈蚣草和大叶井口边草是已经报道过的砷超富集植物，因此，王宏镔博士论文侧重对井栏边草、斜羽凤尾蕨和金钗凤尾蕨进行室内盆栽实验，研究其对砷的吸收和富集特征，以验证初步发现了 3 种植物对砷的超富集特性。

盆栽实验结果表明 11 种非污染区来源的凤尾蕨属植物富集砷的能力存在差异。加砷 200mg/kg 时，斜羽凤尾蕨（*P. oshimensis*）、金钗凤尾蕨（*P. fauriei*）和井栏边草（*P. multifida*）羽片砷平均含量分别为 1335mg/kg、3224mg/kg 和 3890mg/kg（根砷含量分别为 53mg/kg、276mg/kg 和 1173mg/kg），富集系数分别为 6.7、16.1 和 19.5，转运系数分别为 25.2、11.7 和 3.3。随 As 处理浓度升高，羽片含砷量也增加，相关系数分别为 0.999（$P<0.01$）、0.920（$P<0.10$）和 0.935（$P<0.05$）。

同种植物的不同来源种群，其羽片、叶柄和根对砷的富集尽管存在不同程度的差异，但井栏边草、斜羽凤尾蕨和蜈蚣草所有不同来源的种群，均表现出先天性砷超富集特征。井栏边草污染来源的 3 个种群，在 200mg/kg 处理时，羽片平均砷含量分别达

1967mg/kg、1131mg/kg 和 2315mg/kg，富集系数分别为 9.8、5.7 和 11.6；3 个非污染来源种群，在 200mg/kg 处理时，羽片平均含砷量均超过 2000mg/kg，其中一种群达 3890mg/kg 的最大值，富集系数为 19.5。非污染来源种群中，砷从根向地上部的转运也明显，转运系数无论在 50mg/kg 或 200mg/kg 处理下均超过 1。类似的现象也见于斜羽凤尾蕨和蜈蚣草。砷超富集植物表现出先天性富砷特性，可以为砷污染土壤植物修复过程中植物材料充足种源的获得提供相当程度的便利。

井栏边草、斜羽凤尾蕨和金钗凤尾蕨广泛分布在中国、朝鲜北部、日本和越南等国。12 个调查样点中，井栏边草在 5 个样点中有分布，并为一优势种，具有生长快、易繁殖和收割等优点，在荫蔽环境，若水分和土壤养分充足能很好生长。因此，在砷污染土壤的植被恢复中，井栏边草可以作为群落下层可供选择的植物种类。与井栏边草相比，尽管斜羽凤尾蕨砷含量不是太高（平均 789mg/kg），但该植物能长至 1.5m，鲜重 75g/株，表明其更适合砷污染土壤的植物修复。应该承认，井栏边草的高度（45 ~ 70cm）和生物量（鲜重 14 ~ 108g/株，干重 8 ~ 48g/株,）比蜈蚣草低，然而，它仍然是砷污染土壤植物修复的补充材料。除蜈蚣草外，金钗凤尾蕨有着高的生物量和砷超富集能力，是一种理想的砷污染土壤修复植物。

祝鹏飞等在文山矿区的野外调查研究表明，钻形紫菀的茎叶砷含量较高，达到 2260mg/kg，富集系数和转运系数均大于 1 ，但是因为植物种类分布较少，未进行进一步的室内培养验证，因此不能明确定为砷超富集植物。

2.3 强化诱导植物修复研究进展

随着国内蜈蚣草砷修复基地的建立，考虑到植物修复的众多缺陷，人们开始侧重于对超富集植物进行调控，以提高植物吸收能力。包括从提高蜈蚣草生物量及提高地上部砷含量两个方面着手。

(1) 添加化学配体，提高重金属的生物可利用性。土壤中重金属以多种化学形态存在，这些化学形态受土壤的物理化学条件控制，处于一个很复杂的平衡体系，其中生物可利用形态只占其中很少的一部分。通过人为添加化学配体能破坏其平衡，提高可利用形态的含量，常见的配体包括人工螯合剂（如 EDTA、DTPA 等）和天然螯合剂（一般植物根系分泌物即可分泌的低分子有机酸，如柠檬酸、苹果酸等）。

(2) 施加植物营养，能促进植物的生长，提高根部活动强度，相应地提高了植物对重金属的吸收。廖晓勇等研究确定磷酸二氢钙为提高蜈蚣草地上部砷累积量的首选肥料，而综合 pH 值、N、P 和有效态砷含量等各种因子，磷酸二氢铵和钙镁磷肥也可以作为备选肥料类型。研究表明添加高浓度钙容易增加砷的毒害，增加外源砷有助于植物砷的累积，而增加钙则抑制了蜈蚣草对砷的吸收和累积效率。施加磷肥在低浓度下对蜈蚣草砷的吸收累积有促进作用，但是随着浓度的提高，蜈蚣草砷累积量呈现先增加后下降的趋势。

蔡保松研究了堆肥和磷石膏等添加物对蜈蚣草富集砷和砷淋溶的影响，研究发现，利用堆肥和磷石膏均能够提高蜈蚣草株高和地上部分鲜重，同时堆肥和磷石膏能够增加砷淋溶从而提高蜈蚣草的砷吸收量。

2.4 超富集植物应用现状

2.4.1 植物修复

植物修复技术可以分为如下五种类型：植物萃取（提取）、植物降解、植物稳定（固定）、植物挥发和根际过滤。其中植物提取（phytoextraction）是指将某种特定的植物种植在重金属污染的土壤和水体上，而该植物对基质中特定的污染元素具有特殊的吸收富集能力，将植物收获并进行妥善处理（如灰化回收）

后即可将该重金属移出土体和水体，达到污染治理与生态修复的目的。

Baker 等在英国洛桑试验站首次以田间试验研究了超富集植物应用于植物修复的效果。试验植物为锌的超富集植物遏蓝菜 *T. caeulescens*，试验场地为一块锌污染土壤，含锌 440mg/kg。结果表明，该植物每年从土壤中吸收的锌量为 30kg/hm^2，是欧盟允许年输入量的 2 倍，而非超富集植物萝卜则仅能清除其 1% 的量。Robinson 等在法国南部进一步研究了 *T. caerulescen* 修复污染土地的潜力，通过施肥使 *T. caeulescens* 的生物量增加了两倍，而其地上部锌、镉含量没有下降，从而促进了修复效率。

陈同斌小组于 2001 年在中国湖南郴州建立了我国第一个 As 污染土壤的植物修复基地，在当年种植蜈蚣草 7 个月后，修复效率达到 7.8%，证明蜈蚣草对于修复 As 污染土壤具有较大的应用价值。在蜈蚣草作为砷超富集植物被发现后，以蜈蚣草为基础的植物修复技术以其实施简便，管理容易，投资较少，对环境扰动少，在众多 As 污染治理方法中脱颖而出，成为最具发展前途的土壤重金属污染修复技术之一。

植物修复技术为砷污染土壤的治理提供了新的思路，但该技术尚不完全成熟，在实践应用中应加强以下几个方面的研究：

（1）继续寻找高生物量和富集量的砷超富集植物和研究超积累机理。

（2）加强对植物修复与传统的物理、化学方法相结合的综合治理技术的研究，如利用淋洗剂活化砷，从而强化植物修复。

（3）应用基因技术和现代分子生物学手段，培养生物量大、生长速率快、体内砷含量高的超富集植物。

（4）由于同时耐多种重金属的植物发现的还很少，往往不能满足修复重金属复合污染的土壤。

（5）摄取了大量重金属的植物该如何处理，要防止其重返土壤造成二次污染。此外，异地引种存在外来物种入侵和威胁生物多样性等风险也要引起注意。

2.4.2 植物冶金

植物冶金（phytomining）是1983年Chaney首先提出的，它是指在低品位矿和尾矿上种植超富集植物，利用这些植物对重金属的超量吸收富集作用，将土壤中的重金属转移到地上部，然后将植物收获，通过焚烧制成一种具有商业价值的生物矿石从而回收其中的重金属。目前已有镍、钴、金以及其他一些金属的植物冶金专利技术。

2.4.2.1 金超富集植物在植物冶金中的研究进展

金的生物有效性较低，难以被植物吸收富集，其超富集植物的临界浓度仅1mg/kg。利用植物提取Au较难，所发现的能大量富集金的植物很少，直到1998年才有Au的超富集植物的报道，新西兰Massy大学在盆栽条件下，把印度芥菜种植在Au含量5mg/kg的土壤中。并添加0～0.623g/kg的NH_4CNS，当NH_4CNS的浓度大于0.16g/kg时，植物中Au的最大值达到57mg/kg。Anderson等在Fazenda Brasileim金矿的试验田种植芥菜，在土壤中添加NaCN的情况下，其体内金的含量最高可达到63mg/kg，平均值可达39mg/kg，一排植物生物量的平均值为0.83kg，共吸收32.4mgAu，可提取土壤中18.4%的Au。由于需要采用诱导技术提高植物对金的吸收富集能力，所以金的植物冶金技术比较适合在含金的尾矿和低品位矿上运用。

2007年，德克萨斯大学研究了沙漠葳、沙漠柳在富含金的基质中对金的摄入情况，结果表明，在金浓度为20～80mg/L时，沙漠葳的植株生长没有受到明显影响。植物体内金的含量随着植物年龄的增加而增加。XAS数据表明沙漠葳的植物组织中生成了纳米级金粒子。暴露在含金量160mg/L培养液中的植株，其根、茎、叶中形成的纳米级粒子的直径平均值分别为0.8nm、3.5nm、1.8nm。纳米级金粒子的平均直径同组织中的总金含量及其栽种场所有关。

2.4.2.2 镍超富集植物在植物冶金中的研究进展

镍超富集植物是发现最早的超富集植物。镍的植物冶金技术研究较早且较多。在美国较早采用镍的超积累植 *Streptanthus Polygaloides* 进行了植物冶金的试验。经调查，当地土壤中镍的含量约为3500mg/kg，低于传统采矿方式所要求的浓度。于是Nicks 和 Chambers 提议把 *Streptanthus Polygaloides* 运用到植物冶金中，经过适量施肥后，*Streptanthus Polygaloides* 的生物量是 $10t/hm^2$；将焚烧植物产生的热量的四分之一用于发电，结合冶炼镍所得的收益为每公顷 131 美元，其收益要高于种植农作物。

Robinson 等在意大利 Murlo 对利用镍超富集植物布氏香芥（*Alyssum bertolonii*）进行了植物冶炼的研究。试验表明，在适量施加 N、P、K 肥后，布氏香芥的生物量增加了 3 倍，达到 $9.0t/hm^2$，镍占植物体干重的 0.8%，占灰分的 11%。按此计算可一次性回收镍 $72kg/hm^2$。

另一个关于镍植物冶金的田间试验是在新西兰进行的，利用生长在蛇纹岩土壤上的紫菀科多年生超富集植物 *Berkheya coddii* 进行 Ni 的吸收以便回收 Ni，在施用适量的 N、P、K 肥后，*Berkheya coddiiz* 的生物量可增加到 22 t/hm^2，叶片中镍的含量最高可达 17000mg/kg（干重）。在 Robinson 等的试验中，*Berkheya coddii* 体内镍的平均含量为 5500mg/kg（干重），可回收的镍约 110 kg/hm^2。

2.4.2.3 铊超富集植物在植物冶金中的研究进展

铊是一种剧毒的银白色重金属元素，具有诱变性、致癌性和致畸性，其化合物可作为杀鼠、灭蚁、杀虫和防霉的药剂。随着铊矿产品及其副产品的开发利用，土壤铊污染也日趋严重。因此，有关铊污染土壤的植物修复及其植物冶金的研究都具有重大意义。

在法国某铅锌矿尾矿上发现披针叶屈曲花（*Iberis intermedia* Guersent）能超量富集铊，其体内铊的含量达到4000mg/kg（干重）。田间试验表明，利用披针叶屈曲花进行植物冶金，每公顷10t 的生物量能产出 700kg 的生物矿，其中包含铊 8kg，以当时每吨 300 美元的铊价格来计算，创造价值 2400 美元。

2.4.2.4 其他超富集植物在植物冶金中的研究进展

1995 年，俄罗斯生物学家梅格列特发现一年生草本植物蓼在受锌、铅、镉污染的土壤上仍能健康生长并且大量吸收这些重金属元素，种植一个季节所收获的生物量也较大。在 800℃ 焚烧蓼后，其灰烬中镉、铅、锌的含量分别为 1.3kg、23kg、322kg。随后德国奥尔登大学的一个试验小组在一处废金属堆放场引种俄罗斯大蓼获得成功。另外，修复锌污染土壤的遏蓝菜和东南景天焚烧后的灰分中含 Zn 量极高，可以作为 Zn 矿处理。

目前，超富集植物用于植物冶金的研究主要停留在实验室和田间试验上，还需要更多的田间试验结果来支撑其大规模应用与发展。可以用来进行植物冶金的物种和元素如表 2－3 所示。

表 2－3 可以用来进行植物冶金的物种和元素

元素	物　种	积累量	生物量
钙	*Thlaspi caerulcens*	3000（1）	4
钴	*Houmaniastrum robertii*	10200（1）	4
铜	*Houmaniastrum katangense*	8356（1）	5
铅	*Thlaspi rotundifolium subsp*	8200（5）	4
锰	*Macadamia neurophylla*	55000（400）	30
镍	*Alyssum bertolonii*	13400（2）	9
	Berkhya coddii	17000（2）	18
硒	*Astragalus pattersoni*	6000（1）	5
铊	*Iberris intermedia*	3070（1）	8

续表 2－3

元素	物　种	积累量	生物量
铀	*Atriplex confertiflolia*	100（0.5）	10
锌	*Thlaspi calaminae*	10000（100）	4

注：1. 积累量数值代表最高的元素富集量（单位：mg/kg，植物为干重）。
2. 括号中的数值是等量的非超富集植物的积累量。
3. 生物量单位是 $t/(hm^2 \cdot a)$。
4. 本表摘自 Robert R，1998；朱文宇，2009。

2.4.2.5 植物冶金的优势及存在问题

作为一种新兴的“绿色”技术，植物冶金具有如下的优势：

（1）那些对于传统采矿方式来说无经济价值的矿石、尾矿或矿化土壤（即低品位矿）可通过植物冶金技术进行开发利用；

（2）焚烧超富集植物制成的生物矿石不含硫，所以熔炼时需要的能量低于硫化矿石；

（3）生物矿石密度较小，所需的存放空间也较小，生物矿石中金属的品位远高于传统矿石；

（4）植物冶金是以超富集植物为媒介来回收重金属，这不仅可解决污染土壤的治理问题，还能解决超富集植物的处置问题，从而达到治理和回收的双重目的，降低了环境风险。

但是，植物冶金是一个较新的研究领域，仍存在一定的局限性。如：

（1）现已发现的超富集植物一般植株矮小、生物量小，焚烧后能回收的金属较少；

（2）在焚烧超富集植物制生物矿的过程中，可能导致植物体内的重金属挥发，据邢前国和潘伟斌的研究，在焚烧富含 Cd、Pb 的植物铁芒萁（*Dicranopteris pedata*）的过程中，Cd、Pb 的损失十分明显，可从底灰中回收的量很小；

（3）焚烧过程中要进行很好的烟尘治理，防止大气污染问题；

（4）此外，某些具有较高回收价值的重金属例如 Au、Ag，它们的生物可利用性低，不易被植物吸收富集，这就需要采用诱导技术提高植物对金属的富集能力，而施加的螯合剂有增大重金属污染地下水的潜在危险性。

2.4.3 植物探矿

土壤中某种元素含量高，常常与地下含有该类矿产有关，包括矿石直接风化进入土壤，或者通过地下水的输送把溶解在水中的矿物组分运送到土壤中来。而植物的根深深地扎在土壤之中，并把土壤中的微量元素作为营养物质，根据不同种类植物的长势，可以推断其生存土壤中相应元素含量。植物对不同矿物元素的吸收和耐性不同，是所处环境的灵敏指示植物，因此可以把植物指示作用作为寻找新矿源的一种办法。利用植物指示找矿，在我国古代就有。海洲香薷俗称铜草花，在铜矿的寻找中是一个十分重要的线索，古代对 Cu 矿的寻找就是以孔雀石和铜草花为线索。

海州香薷是铜矿的指示植物。目前，海州香薷在环境污染治理、矿区植被恢复、植物找矿等方面已有较多研究。同时研究表明，海州香薷对 Cu 有很强的耐性，植物体内 Cu 含量与介质中 Cu 浓度呈正相关。柯文山等研究表明，海洲香薷的分布特征、生长状况与铜矿有着密切的关系，在主矿体区海洲香薷分布的密度、盖度大，生长茂盛，而在尾矿地段，海洲香薷分布的密度、盖度均减少。在大冶几个铜矿的调查中也发现有海洲香薷的分布，而铜矿区外及其他金属矿区未见其分布，因此其指示作用较为明显。20 世纪 50 年代，中国学者开始了指示植物在找矿中的研究，先后报道了 10 余种指示植物，如表 2 -4 所示。

表 2 -4 中国发现的金属矿指示植物

植 物 名 称	指 示 矿 种
海州香薷（Elsholtzia haichowensis）	Cu（铜）
宽叶香薷（Elsholtzia ceistata）	Cu（铜）

续表 2-4

植物名称	指示矿种
铜钱白株树（Gaultheria nummularioides）	Cu（铜）
头花蓼（Polygonum capitatum）	Cu（铜）
细柄蓼（Polygonum leptopodium）	Cu（铜）
酸模（Rumex acetosa）	Cu（铜）
红草（Sedum rosei）	Cu（铜）
坚龙胆（Gentinana rigescens）	Cu（铜）
女娄菜（Melandryum apricum）	Cu（铜）
石竹（Dianthus chinensis）	Cu（铜）
细梗石头花（Gypsophila pacifica）	Cu（铜）
狭叶南烛（Lyonia ovalifolia var. lanceolata）	Cu（铜）
鸭跖草（Commelina communls）	Cu（铜）
瞿麦（Dianthus superbus）	Cu（铜）
毛轴蚤缀（Arenaria juneae）	Pb、Zn（铅、锌）
箭叶堇菜（Viola caespitosa）	U（铀）

注：本表摘自谢学锦，1953。

在有很高的重金属含量的土壤上生长的指示植物，其体内通常也富集了很高浓度的重金属。代表性的植物如鸭跖草、海州香薷、蝇子草、头花蓼等，它往往局限于铜矿露头区、开采区和铜冶炼渣等铜含量很高的地域（2000~7000mg/kg），在长江流域的江苏、安徽和湖北等省份的铜矿区都有该植物形成优势植被的报道。因此，这几种植物被视为铜矿、铜铁矿或铜、钼等矿物指示植物。另外在金、铊等元素上，也在不断筛选有关指示植物，以用于植物探矿。

3 西南含砷金矿区周围土壤及植物砷含量调查

3.1 概述

土壤是人类赖以生存的最基本的自然资源和环境要素之一，也是重金属在各自然要素间迁移转化的重要环节。有学者将其称为“重金属污染物聚集的地球化学汇”。通常把基本未受人类活动影响的土壤中重金属元素的正常含量水平界定为土壤重金属元素背景值。只有当土壤中重金属含量明显超过背景值,引起土壤环境质量恶化,并对人类和环境带来危害或风险时,才称之为污染。

我国砷元素土壤背景值为9.6mg/kg，其含量范围为2.5~33.5mg/kg，我国土壤砷含量高背景值（>50mg/kg）的土壤主要分布在广东、广西、云南、西藏等地，其中最高含量达到626mg/kg。在地球化学分异形成的土壤砷自然本底值的基础上，由于人类的工农业生产活动，直接或间接地将砷排放到土壤中，增加了土壤的砷含量，甚至造成不可逆转的砷污染。土壤环境中砷的人为来源有很多，包括矿业开采冶炼、工业生产和农药的使用等。全球每年向土壤中输入的砷总量为0.94×10^8kg。全球因人类活动输入土壤中的砷达到52000~112000t/a。土壤高背景值异常除发生在自然的原生环境之外，还常常由很多人为原因引起，如近代含砷农药的广泛应用和有色金属采选伴生的砷污染。

由于含砷金矿采、选、冶等活动会导致周围区域的水体、土壤和大气受到不同程度的污染，本章旨在研究金矿区周围土壤砷污染状况和植物体内砷含量分析，对矿区土壤污染现状进行初步研究，进行本土砷超富集植物筛选，以期为本土砷污染的土壤植物修复提供基础材料，为含砷金矿植物预处理提供本土砷超富集植物种类，以避免外来种入侵的风险。

结合含砷金矿资源分布展开、以往课题组土壤重金属污染调查情况以及采样点的交通情况，选择了先后进行过采样的云南省文山州渭砂金矿（WS）、红河州官厅金矿（GT）、普雄金矿（PX）和贵州兴仁县紫木凼金矿（XR）等尾矿区进行研究，采集了各尾矿区周围的土壤和所分布的植物样品，进行了砷、金含量分析，评价含砷金矿尾矿区土壤砷污染现状，分析不同种类植物砷含量，筛选对砷有一定耐性和积累能力的植物。

云南三个矿区排土场和尾矿库周围植被覆盖不同，以菊科、蔷薇科、蝶形花科和禾本科等草本植物为主，零星分布长势低矮的密蒙花和马桑等木本植物。

贵州兴仁矿区周围，有很多氧化性金矿堆浸后废弃的尾矿库，已经被当地农民覆土造田，种植了玉米、四季豆等农作物。而近期的一些以含砷金矿等原生矿石为原料进行选冶之后，堆放的排土场以及经过焙烧堆浸后排放的尾矿库，在自然恢复作用下生长了部分植物，主要以蔷薇科、菊科、蝶形花科和禾本科等先锋植物为优势种，另外正在运行的尾矿库其外围坝体上则生长着残留植物棉毛酸模和小米菜等。因此在含砷金矿尾矿库周围进行植物砷含量分析对于筛选砷超富集植物有重要意义。

3.2 材料与方法

3.2.1 研究区域概况

滇黔桂地区拥有丰富的含砷金矿资源，本研究收集了云南省文山州渭砂金矿（WS）、红河州官厅金矿（GT）、普雄金矿（PX）和贵州兴仁县紫木凼金矿（XR）等尾矿区土壤、植物及矿物样品，进行土壤和植物砷含量分析，并且对于矿物样品，通过比较各矿物其金和砷含量，选定砷、金含量较高、较难浸提的金矿之一作为后续植物除砷的研究对象。所选四个矿区所处位置如图 3 - 1 所示。

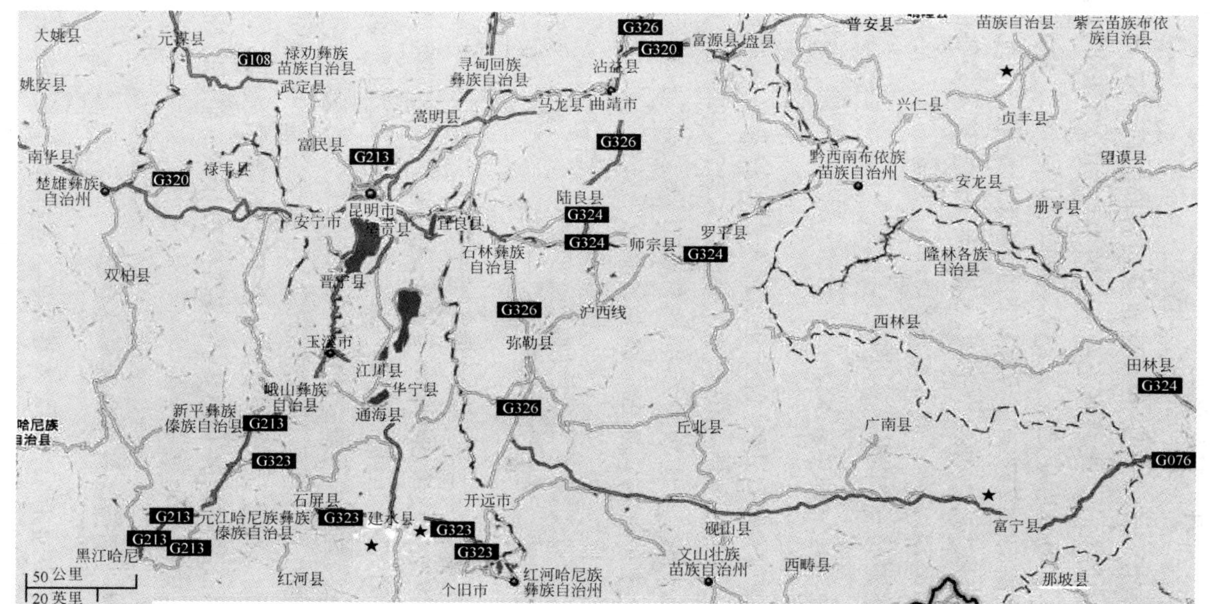

注：★为矿区所在处。

图3－1 所调查四个金矿区行政区划图

3.2.1.1 红河州官厅金矿

红河州官厅金矿（GT）位于建水县西南部的官厅镇。官厅镇地处红河中游北岸，地域在东经 102°37′00″ ~ 102°52′00″，北纬 23°16′45″ ~ 23°30′10″之间，全镇总面积 361.78km²。最低海拔 270m，最高海拔 2278m，为深切割的中低山地形，南北高，东部、东北部和中部为冲沟小平坝，具有典型的立体气候特征。年平均气温 18.5℃，年平均降雨量 815mm，无霜期 307 天。矿区所处位置如图 3－1 和图 3－2 所示。

3.2.1.2 红河州普雄金矿

红河州普雄金矿（PX）位于建水县东南部的普雄乡。普雄乡位于东经：102°56′14″ ~ 103°8′00″，北纬：23°24′40″ – 23°35′25″，属于山岭重丘地貌。年平均气温 15℃。年均降雨量 1100mm 左右，全年有霜期 20 天左右。矿区所处位置如图 3－1 和图 3－2 所示。

3.2.1.3 文山州富宁县渭砂金矿

渭砂金矿位于富宁县 171°方向，平距 11km，行政区划隶属富宁县理达镇、新华镇和板仑乡管辖。地理坐标东经：105°36′15″ ~ 105°40′00″，北纬：23°24′15″ ~ 23°32′00″之间，面积 30km²。矿区交通较为方便。区内属中低山地貌，总体地势南高北低，本区属于珠江水系，枝状溪流发育，地表径流由南西向北东流入普厅河。地处北回归线附近，属于亚热带季风气候，年降雨量 1176.9mm，年均温 19.3℃，无霜期 320 余天。矿区所处位置如图 3－1 和图 3－3 所示。

3.2.1.4 贵州省兴仁县紫木凼金矿

贵州金兴矿业有限公司紫木凼金矿（XR）位于贵州省兴仁县回龙镇,隶属兴仁县回龙镇管辖，距离兴仁县城 32km，矿区地

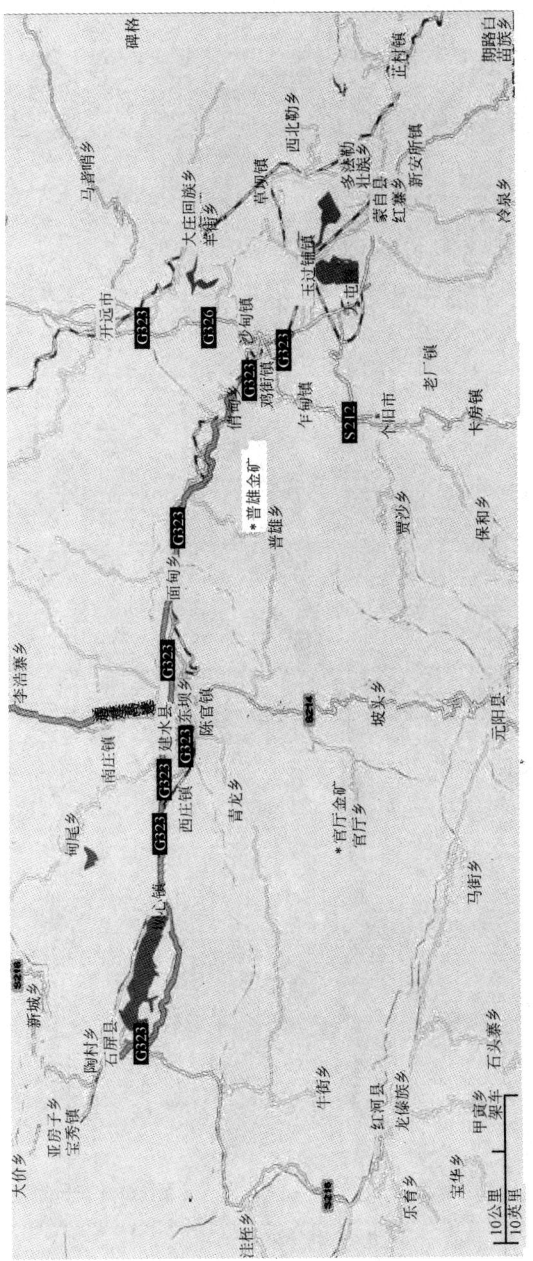

图3－2　红河州两个金矿区位置图

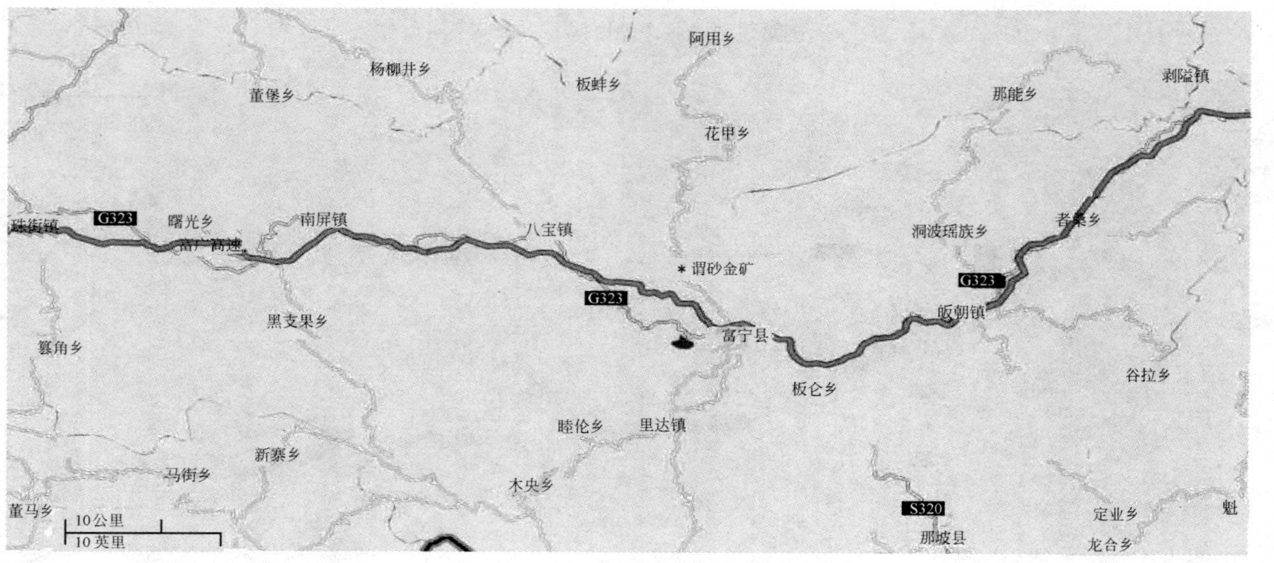

图3-3 渭砂金矿区位置图

理坐标：东经：105°27′13″~105°28′39″；北纬：25°33′41″~25°34′34″。回龙镇至贵阳市高速公路已经建成通车，回龙镇至县城有省道连接，交通比较方便。

矿区属于高原丘陵地区，地势较平缓。海拔 1400~1726m，相对高差 326m。植被分布多为灌木蒿草。矿区处于亚热带大陆性季风气候区域，其年平均温度 15℃，年平均降雨量 1325mm，主导风向为东风，年平均风速 1.9m/s。矿区所处位置如图 3-1 和图 3-4 所示。

四个金矿采样所设采样点均位于采矿排土场、废石场、尾矿区周围，各尾矿区植物种类分布不同。官厅矿区植物种类较少，地表植被覆盖度较低，约 15% 左右。采样点植被状况见下列照片。普雄矿区植物种类较多，以草本植物为优势，植被比较低矮，覆盖度约 30%。

渭砂金矿区周围植被长势较好，灌木草丛嵌布，其中灌木以密蒙花等荒坡先锋植物为优势，覆盖度约 50%。

兴仁紫木凼金矿区周围植被分布差异较大，在一些废弃的尾矿库上有的已经自然恢复生长了部分植物，而有的已经改造为农田，种植玉米、四季豆等农作物，最新堆放的排土场、废石场周围以蒿草类为优势，零星分布有密蒙花等低矮灌木。在尾矿坝周边采集到苋菜、酸模叶蓼等植物。采样点植被及厂区工艺等状况如图 3-5 所示。

3.2.2 样品的采集及预处理

3.2.2.1 土壤样品的采集与预处理

在拟定的几个矿区周围（包括自然恢复的尾矿库、已经复垦种植的农田及周边区域）采用蛇形（S 形）布点和随机多点采样的方法，采集表层土壤样本（0~30cm），另外采集了正在堆放的尾矿库尾矿样本。

蛇形采样点法：适用于土壤面积较大、土壤区域地形不规则、

图 3－4 兴仁金矿区位置图

图 3-5 研究区域植被概况

土壤质地不均匀的区域采样。这种方法要求的取样点最多。一般土壤分析的采样量要求采集 1~2kg，对于多点采集的土壤样品可反复按四分法弃去多余部分，最后留下分析所需的样品带回实验室进行分析。

土壤样品（包括尾矿样品）砷含量分析中需将土壤样品风干。具体方法为：土样带回实验室后立即将样品平摊在瓷盘上，置于阴凉通风处慢慢风干，避免直接受阳光暴晒。待半干状态时压碎土样，弃去非土壤物质如石块、动植物残体等。风干后的土样用碾棒将样品碾碎过筛，本样品做砷全量分析，过 100 目（0.15mm）筛。用四分法缩分至 100g 左右。

3.2.2.2 植物样品的采集与预处理

在拟定的几个矿区周围（包括自然恢复的尾矿库、已经复垦种植的农田及周边区域），分别采用梅花型、S 形布点或随机取样（视区域大小而定），选取长势较好、数量较多的植物采集，且每种植物采3～5株。

在尾矿废弃地及其周围农田、荒坡选取分布较广、长势较好的植物种类，每种植物3～5个重复。同时，采集植物根系生长土层的土壤样本。植物样品先用自来水洗净，依次用1%的稀盐酸、去离子水淋洗2～3次。沥去水分后，置于干燥箱中105 ℃杀青30 min，以防止植物体内因呼吸作用和霉菌活动引起的生物和化学变化。然后在60～70℃烘48 h至赶尽水分。将所有烘干的植物样品分为地上部和根两部分，分别用不锈钢磨碎机粉碎，并过60目尼龙筛，分别保存于密封塑料袋中备用。

3.2.3 样品砷测定方法

3.2.3.1 土壤样品砷测定方法

土壤样品风干后过100目筛。土壤总砷测定采用王水－高氯酸消解，用氢化物发生—原子吸收光谱法测定，其中原子吸收光谱仪为美国Varian AA240FS型，氢化物发生器购自北京瀚时制作所（WHG－103型）。砷标准溶液购自国家标准物质研究中心。分析中所用试剂均为优级纯。样品分析过程中分别采用国家标准参比物质（GBW－07401）进行分析质量控制。标样测定结果均在允许误差范围内。每个土样3个重复。

3.2.3.2 植物样品砷测定方法

植物样品分为地上部和根部，用自来水冲洗干净，再用去离子水淋洗2～3次，于105℃下杀青30min，在70℃下烘干至恒重，磨碎后过60目尼龙筛，用HNO_3－$HClO_4$消解，用氢化物发生—原子吸收光谱法测定，其中原子吸收光谱仪为美国Varian AA240FS型，氢化物发生器购自北京瀚时制作所（WHG－103型）。分析中所用试剂均为优级纯，样品分析过程中分别采用国家标准参比物质（植物：GBW－08501）进行分析质量控制。标样测定结果均在允许误差范围内。每种植物3个重复。砷标准溶液购自国家标准物质研究中心。

3.2.4 样品金测定方法

3.2.4.1 土壤样品金测定方法

对贵州兴仁尾矿库周围土样进行了金含量测定。矿样以灼烧除去硫及有机物后，用王水分解，活性炭吸附柱动态吸附、富集金。灰化除去活性炭后，用王水溶解金，在稀王水介质中，用火焰原子吸收法直接测定含金量，原子吸收光谱仪型号为美国 Varian AA240FS。每个样品 3 个重复。金标准溶液购自国家标准物质研究中心。标样测定结果均在允许误差范围内。每个土样 3 个重复。具体操作方法参照矿石金含量测定。

3.2.4.2 植物样品金测定方法

对于土壤中能够测定出金的区域进行植物金含量测定。植物金的测定，称取已烘干粉碎的植物样品 3g，利用 HCl-HNO_3-$HClO_4$ 消解，活性炭吸附柱动态吸附、富集金。灰化除去活性炭后，用王水溶解金，在稀王水介质中，用火焰原子吸收法直接测定金量，原子吸收光谱仪型号为美国 Varian AA240FS。每个样品 3 个重复。金标准溶液购自国家标准物质研究中心。标样测定结果均在允许误差范围内。具体操作方法参照矿石金含量测定。

3.2.5 采集植物种类

在文山州（WS）、红河州（PX、GT）、贵州省兴仁县（XR）共 4 个金矿区周围进行土壤和植物的野外调查。选取长势较好、数量较多的植物采集，且每种植物采 3 ~ 5 株。先后在各样点采集的植物共有 38 科 105 种，具体植物名称见表 3 - 1。所采集的植物都能在矿区的污染土壤上正常生长且未出现严重的受害症状，表明它们可能对重金属胁迫具有较强的耐性。

表3-1 采集植物种类

序号	种类	科	采样点
1	火把果 *Prunus fortuneana*(Maxim) Li	蔷薇科(1)	PX、GT
2	西南栒子 *Cotoneaster franchetii* Boiss	蔷薇科(1)	PX、GT、WS
3	锈毛莓 *Kubus reflexus* Ker.	蔷薇科(1)	PX、GT、WS
4	倒挂刺 *Kosa longicuspis* A. Bertoloni	蔷薇科(1)	PX、GT、WS
5	棠棣花 *Kerria japonica* (L.) DC	蔷薇科(1)	PX、GT、WS
6	黄藨 *Kubus ellipticus* Smith	蔷薇科(1)	WS、PX
7	西华小石积 *Osteomeles shwerinae* Mmchn-neid	蔷薇科(1)	PX、GT、WS
8	茅莓 *Kubus parvifolius* L.	蔷薇科(1)	PX、GT、WS、XR
9	牡蒿 *Artemisia japonica* Thunb.	菊科(2)	PX、GT、WS、XR
10	烟管头草 *Carpesium cernuum* L.	菊科(2)	PX、GT、WS
11	白苞蒿 *Artemisia lactiflora* Wall	菊科(2)	PX、GT、WS、XR
12	灯盏花 *Erigeron breviscapus*	菊科(2)	WS
13	小飞蓬 *Conyza Canadensis*(L.) Cronq	菊科(2)	PX、GT、WS、XR
14	肿柄菊 *Tithonia diversifolia* A. Gray	菊科(2)	PX、GT、WS
15	三叶鬼针草 *Bidens pilosa*	菊科(2)	PX、GT、WS、XR
16	苦荬菜 *Lxeris pdycephala*	菊科(2)	WS
17	艾蒿 *Artemisia argyi*	菊科(2)	PX、GT、WS、XR
18	青蒿 *Artemisia apiacea* Hance	菊科(2)	PX、GT、WS、XR
19	滇大蓟 *Cirsium chlorolepis* Petrat	菊科(2)	PX、GT、WS
20	紫茎泽兰 *Eupatorium coelestrium* L.	菊科(2)	PX、GT、WS、XR
21	钻形紫苑 *Aster subulatus* Michx	菊科(2)	WS
22	挖耳草 *Carpesium cernuum* L.	菊科(2)	PX、GT、WS
23	珠光香清 *Anaphalis margaritacea* (L.)	菊科(2)	PX、GT、WS、XR
24	刺儿菜(草) *Cirsium setosum* (Willd.) MB.	菊科(2)	PX、GT、WS
25	小白酒草 *Conyza Canadensia* (*L.*) *cronq*	菊科(2)	PX、GT、WS、XR
26	三角叶凤毛菊 *Saussuare deltoidea*	菊科(2)	WS、XR

续表 3-1

序号	种　　类	科	采样点
27	牛尾蒿 *Artemisia dubia*	菊科(2)	WS、XR
28	密毛蕨 *Pteridium revolutum*(Bl.) Nakai	蕨科(3)	PX、GT、WS
29	蕨菜 *Pteridium var. latiusculum*	蕨科(3)	PX、GT、WS、XR
30	蜈蚣蕨 *Pteris vittata* L.	凤尾蕨科(4)	PX、GT、WS、XR
31	大叶井口边草 *Pteris cretica* Var. nervosa.	凤尾蕨科(4)	WS、XR
32	凤尾蕨 *Pteris nervosa* Thunb	凤尾蕨科(4)	PX、GT、WS、XR
33	剑叶凤尾蕨 *Pteris ensiformis*	凤尾蕨科(4)	WS
34	长根金星蕨 *Parathelypteris beddomei*(Bak.) Ching	金星蕨科(5)	WS
35	打破碗花花 *Anemone hupehensis* Lemonie	毛茛科(6)	PX、GT、WS
36	溪畔银莲花 *Anemone rivularis* Buch. -Ham.	毛茛科(6)	PX、GT、WS
37	粗齿铁线莲 *Clematis var argentilucida*	毛茛科(6)	PX、GT、WS
38	南马尾黄连 *Thalictrum delavayi* Franch	毛茛科(6)	PX、GT、WS
39	油菜 *Brassica campestris var. oleifera* DC.	十字花科(7)	PX、GT、WS
40	地甘豆 *Cardamine flexuosa* With	十字花科(7)	PX、GT、WS
41	傣酸杆 *Polygonum malaicum* Danser	蓼科(8)	PX、GT、WS
42	绵毛酸模 *Polygonum lapathifolium* L.	蓼科(8)	PX、GT、WS、XR
43	齿果酸模 *Rumex dentatus* L.	蓼科(8)	PX、GT、WS、XR
44	黑酸杆 *Polygonum rude*	蓼科(8)	PX、GT、WS
45	黑果拔毒散 *Polygonum dielsii* Levl.	蓼科(8)	PX、GT、WS
46	尼泊尔蓼 *Polygonum nepalense* Meisn.	蓼科(8)	WS、XR
47	截铁扫帚 *Lsepedeza cuneata* (Dum. Cours.)	蝶形花科(9)	PX、GT、WS
48	波叶山蚂蟥 *Desmodium sinuatum* Bl.	蝶形花科(9)	GT
49	黄香草木樨 *Melilotus officinalis*(L.) Desr	蝶形花科(9)	PX、GT、WS
50	白刺花 *Sophora viciifolia* Hance	蝶形花科(9)	PX
51	蔓草虫豆 *Atylosia scarabaeoides* (L.) Benth.	蝶形花科(9)	WS

续表 3-1

序号	种　　类	科	采样点
52	鹿霍 *Khynchosia volubilis* Lour.	蝶形花科(9)	PX、GT、WS
53	西南槐树 *Sophora mairei* Pamp.	蝶形花科(9)	PX
54	甘葛 *Pueraria edulis* Pamp.	蝶形花科(9)	PX
55	多花芫子梢 *Campylotropis polyantha* (Franch.)	蝶形花科(9)	PX
56	截叶铁扫帚 *Lsepedeza cuneata* (Dum. Cours.)	蝶形花科(9)	PX、GT、WS
57	紫云英 *Astragalus sinicus* L.	蝶形花科(9)	PX、GT、WS、XR
58	野兰枝子 *Indigofera pseudotinctoria* Matsum	蝶形花科(9)	PX、GT、WS
59	四季豆 *Phaseolus vulgaris* L.	蝶形花科(9)	PX、GT、XR
60	狭叶山黄麻 *Trema angustifolia* Bl.	蝶形花科(9)	GT
61	羊蹄甲 *Bauhinia variegata*	蝶形花科(9)	PX、GT、WS
62	三叶草 *Trifolium repens* L.	蝶形花科(9)	PX、GT、WS、XR
63	类芦 *Neyraudia reynaudiana* (kunth) Keng	禾本科(10)	PX、GT
64	甘蔗 *Saccharum officinarum* Linn. Sp. PL.	禾本科(10)	WS
65	矛叶荩草 *Arthraxon lanceolatus* (Koxb) Hochst	禾本科(10)	PX、GT、WS
66	狗牙根 *Cynodon dactylon* (L.) Pars	禾本科(10)	PX
67	斑茅 *Saccharum arundinaceum* Ktz	禾本科(10)	PX、GT、WS
68	白茅 *Imperata cylindrica* (L.) Beauv.	禾本科(10)	PX、GT、WS
69	石芒草 *Arundinella nepalensis* Trin	禾本科(10)	GT
70	玉米 *Zea mays* L.	禾本科(10)	PX、GT、WS、XR
71	野燕麦 *Avena fatua* L.	禾本科(10)	WS、XR
72	云南山梅花 *Philadelphus delavayi* L. Henry	虎耳草科(11)	PX、GT、WS
73	溪畔红升麻 *Astilbe rivularis* Buch.	虎耳草科(11)	WS
74	白芷 *Heracleum scabridum* Fridum.	伞形花科(12)	PX、GT、WS
75	窃衣 *Torillis scabara* (Thunb.) DC	伞形花科(12)	PX、GT、WS

续表 3-1

序号	种　　类	科	采样点
76	亚大苔草 *Carex brownie* Tuckerm	莎草科(13)	PX、GT、WS、XR
77	云南地桃花 *Urena labata L. var. yunnanensis*	锦葵科(14)	PX、GT、WS
78	水茄 *Solanum torvum* Swartz	茄科(15)	WS
79	蓖麻 *Kicinus communis* L.	大戟科(16)	PX、GT、WS
80	夹竹桃 *Nerium indicum* Mill	夹竹桃科(17)	PX、GT、WS、XR
81	异萼飞蛾藤 *Porana sinensis* Hemsl	旋花科(18)	PX、GT、WS
82	红薯 *Ipomoea batatas* (Linn.) Lam.	旋花科(18)	WS
83	披散问荆 *Equesetum difusm* D. Don	木贼科(19)	PX、GT、WS
84	狗屎花 *Cynoglossum zeylanicum* (Vahl.) Thunb	紫草科(20)	PX、GT、WS
85	密蒙花 *Buddieia officinalis* Maxim.	马钱科(21)	PX、GT、WS、XR
86	习见醉鱼草 *Buddleia asiatica* Lour	马钱科(21)	PX、GT、WS
87	沙针 *Osyris wightiana* Wall	檀香科(22)	PX
88	头花龙胆 *Gentiana cephalantha* Franch.	龙胆科(23)	WS
89	滇丹参 *Salvia yunnanensis* C. H. Wright	唇形科(24)	WS
90	清香桂 *Sarcococca ruscifolia* Stapf	黄杨科(25)	WS
91	蓝桉 *Eucalyptus globulus* Labill	桃金娘科(26)	GT
92	长托菝葜 *Smilax ferox* Wall. ex Kunth	菝葜科(27)	GT
93	菝葜 *Smilax china* L.	菝葜科(27)	GT
94	豆果榕 *Ficus pisocarpa* Bl.	桑科(28)	PX、GT
95	鬼吹箫 *Leacesteria Formosa* Wall	忍冬科(29)	PX
96	钟萼草 *Lindenbergia philippensis* (Cham.) Benth O	玄参科(30)	GT
97	茅瓜 *Melothria heterophylla* (Lour.) Cogn	葫芦科(31)	GT
98	长叶水麻柳 *Debregeasia longifolia* (Burm. f.) Wedd	荨麻科(32)	PX、GT、WS
99	马桑 *Coriaria Sinica* Maxim	马桑科(33)	PX、GT、WS、XR
100	星毛繁缕 *Stellaria vestita* Kurz	石竹科(34)	PX、GT、WS

续表 3－1

序号	种　　类	科	采样点
101	猪殃殃 *Galium aparine* L.	茜草科(35)	PX
102	车前草 *Plantago asiatica* L.	车前草科(36)	PX、GT、WS、XR
103	小米菜/苋菜 *Amaranthus tricolor* linn	苋科(37)	WS、XR
104	土牛膝 *Achyranthes aspera* L.	苋科(37)	XR
105	土荆介 *Chenopodium ambrosioides*	藜科(38)	XR

注：科名后边的序号表示采集植物所属的科数。

3.2.6 数据处理

实验结果用 SAS 9.1.3 统计分析软件进行方差分析（One-Way ANOVA），并用 Tukey'S HSD 法进行多重比较，显著性水平 P 取 0.05；运用 SPSS 17.0 软件 Hierarchical cluster 法进行聚类分析。显著性差异水平 $P<0.05$；实验作图采用 Excel 2003 软件。

土壤砷污染评价方法采用单因子污染评价指数。单因子污染评价指数表达式如下：

$$P_i = C_i / S_i \tag{3-1}$$

式中 P_i——第 i 种污染物单项污染指数；

C_i——第 i 种污染物的实测浓度值，mg/kg；

S_i——第 i 种污染物的评价标准限值，mg/kg。

如 $P_i<1$ 则表明未受污染，$P_i>1$ 则表明已受污染，数值越大，说明受到的重金属污染越严重。可以把评价结果划分 4 个等级：$P_i<1$ 为清洁；$1\leqslant P_i<2$ 为轻污染级；$2\leqslant P_i<3$ 为中污染级；$P_i>3$ 为重污染。

3.3 实验结果

3.3.1 含砷金矿尾矿区周围土壤 As 含量及污染状况评价

3.3.1.1 含砷金矿尾矿区土壤砷含量

通过对含砷金矿区周围土壤分析测定，土壤中的砷含量如图

3－6所示。结果表明，红河州官厅矿区、普雄矿区、文山州渭砂矿区和贵州兴仁县紫木凼矿区周围土壤均受到不同程度污染，样品按照GB 15168—1995国家土壤环境质量标准中旱地三级最大限值40mg/kg比较全部超标，样品全部超标，超标程度有所不同。可见各金矿尾矿区开展土壤砷污染的修复研究迫在眉睫。

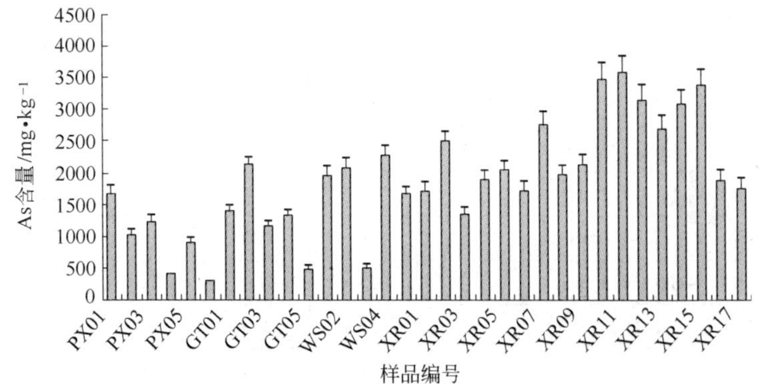

图3－6 研究区域土壤砷含量

分析表明，金矿区周围土壤样品中As的含量分布不均匀，红河州普雄和官厅土壤As浓度范围是258.16～2133.45mg/kg，平均含量为1105.52mg/kg。渭砂矿区土壤样品中As的含量范围是493.39～2290.51mg/kg，平均含量为1694.52mg/kg。兴仁矿区土壤样品中As的含量范围是1350.66～3594mg/kg，平均含量为2423.57mg/kg。

《国家土壤环境质量标准值》GB 15168—1995如表3－2所示。

结合图3－6与表3－2可以看出，各尾矿区土壤中砷的含量较高，且都远远超出标准中砷含量的限制值（小于40mg/kg），一方面与矿区背景值偏高有关，而主要原因可能由于各金矿选冶过程中，需要进行焙烧除砷预处理，而高温焙烧下，矿物中的砷生成氧化物形态，进而伴随尾气以气态或者粉尘的形式经过初步预处理后排放，最终尾气中的砷元素通过大气的迁移、沉降作用进入土壤造成污染。另外选矿废水和尾矿砂带来的砷污染也要重视。

表 3-2 《国家土壤环境质量标准限值》GB 15168—1995 (mg/kg)

级别	一级	二级			三级
	自然背景	<6.5	6.5~7.5	>7.5	>6.5
镉（不大于）	0.20	0.30	0.30	0.30	1.0
汞（不大于）	0.15	0.30	0.50	1.0	1.5
砷 水田（不大于）	15	30	25	20	30
砷 旱地（不大于）	15	40	30	25	40
铜 农田等（不大于）	35	50	100	100	400
铜 果园（不大于）	—	150	200	200	400
铅（不大于）	35	250	300	350	400
铬 水田（不大于）	90	250	300	350	400
铬 旱地（不大于）	90	150	200	250	300
锌（不大于）	100	200	250	300	500
镍（不大于）	40	40	30	60	200

注：1. 重金属（铬主要是三价）和砷均按元素量计，适用于阳离子交换量>5cmol（+）/kg 的土壤，若≤5cmol（+）/kg，其标准值为表内数值的半数。

2. 水旱轮作地的土壤环境质量标准，砷采用水田值，铬采用旱地值。

尾矿砂是由原矿经过焙烧、堆浸等工序之后产生的废渣，兴仁县新排放尾矿泥中砷含量明显高于其他土壤中的砷含量，达到4205.92mg/kg，可以说明金矿焙烧预处理后，砷去除率仍然有限，加之原矿本底砷含量过高，导致还有相当多的砷残留于尾矿砂中，因此对于尾矿的治理要重视。

3.3.1.2 含砷金矿尾矿区土壤砷污染评价

样品按照 GB 15168—1995 国家土壤环境质量标准中旱地三

级最大限值40mg/kg计算砷污染评价指数，根据单因子污染评价指数法评价土壤砷污染现状，结果如图3－7所示。

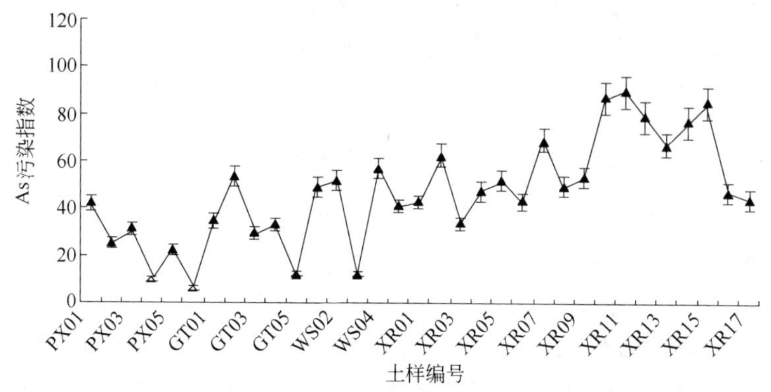

图3－7 研究区域土壤砷污染评价指数

从图3－7可以看出，全部土壤样品砷污染指数均>3，属于重污染级。各尾矿区土壤砷As超标程度不同，普雄和官厅尾矿区超标6.45～53.34倍，渭砂尾矿区超标12.33～57.26倍，兴仁尾矿区超标则达到33.77～89.85倍。因此研究区域周围土壤砷污染严重，必须进行治理。有必要进行当地本土砷超富集植物筛选，为土壤砷污染植物修复奠定基础。

3.3.2 含砷金矿尾矿区周围土壤Au残留状况

在云南和贵州所调查的几个矿区中，部分金矿废弃地（包括排土场、尾矿库等）已经部分自然恢复长有先锋植物或者被农民复垦造田种植了农作物。而这些矿区由于采选技术的限制，或多或少会有金残留在废石、尾矿库中，因此有必要对矿区周围土壤及尾矿砂进行金的残留分析。

实验结果表明，尾矿中仍然有一定金存在，在所测土壤样品中，兴仁地区能够测定出部分土壤样品有金残留量，其中生长密蒙花的尾矿坝和已经种植四季豆的复垦尾矿库土壤样品中金含量较高，分别为1.000mg/kg和1.067mg/kg，新排放尾矿泥中的金含量为1.091mg/kg，其余土壤样品未检出，这表明有一定的黄金资源存在着浪费，而且尾矿中金分布更加不均匀，很可能是以微粒浸染态被包裹在某些矿物中，而利用一般湿法选冶工艺很难再次提取金资源，必须采取可行的方法进行金尾矿的二次利用。

3.3.3 含砷金矿尾矿区野生植物砷含量分析

一般植物中砷含量变动范围为0.01～5mg/kg（干重DW）。研究区域土壤砷含量普遍超标，而其上生长的不同植物地上部和根部砷含量如表3－3所示。从表3－2可以看出，各植物砷含量均没有达到砷超富集植物的临界含量限值（1000mg/kg），但是大多数植物都高出一般植物砷含量水平，其中蜈蚣草、大叶井口边草、密蒙花、珠光香青、小米菜和土荆介等几种植物地上部的砷平均含量分别1446.34mg/kg、897.54mg/kg、607.68mg/kg、702.7mg/kg、381.65mg/kg、369.55mg/kg。其含量显著高于根部。通过查阅资料并且结合实地调查，这四种植物地上部位生物量均较高，因而可将其作为备选修复植物来修复土壤砷污染。

表3－3 植物体内及对应根区土壤中砷含量（$n=3$，无标准差的$n=1$）

（mg/kg）

序号	种　类	部位	砷含量
1	火把果 *Prunus fortuneana*（Maxim）Li	地上部	11.40
		根部	125.43
2	西南栒子 *Cotoneaster franchetii* Boiss	地上部	23.52±16.21
		根部	44.97±22.80
3	锈毛莓 *Kubus reflexus* Ker.	地上部	218.11±1.65
		根部	215.36±26.14
4	倒挂刺 *Kosa longicuspis* A. Bertoloni	地上部	128.65±42.36
		根部	365.48±113.54
5	棠棣花 *Kerria japonica*（L.）DC	地上部	5.98±2.82
		根部	65.41±32.12

续表 3－3

序号	种　　类	部位	砷含量
6	黄藨 *Kubus ellipticus* Smith	地上部	14. 56
		根部	247. 52
7	西华小石积 *Osteomeles shwerinae* Mmchnneid	地上部	48. 3
		根部	367. 43
8	茅莓 *Kubus parvifolius* L.	地上部	222. 09 ±18. 68
		根部	210. 70 ±4. 65
9	牡蒿 *Artemisia japonica* Thunb.	地上部	19. 2 ±5. 74
		根部	11. 09 ±8. 64
10	烟管头草 *Carpesium cernuum* L.	地上部	671. 23 ±42. 58
		根部	487. 25 ±143. 56
11	白苞蒿 *Artemisia lactiflora* Wall	地上部	786. 55 ±54. 47
		根部	186. 66 ±23. 41
12	灯盏花 *Erigeron breviscapus*	地上部	36. 41
		根部	74. 56
13	小飞蓬 *Conyza Canadensis*（L.）Cronq	地上部	23. 3 ±8. 34
		根部	246. 53 ±35. 65
14	肿柄菊 *Tithonia diversifolia* A. Gray	地上部	280. 14
		根部	328. 74
15	三叶鬼针草 *Bidens pilosa*	地上部	17. 35 ±8. 05
		根部	10. 62 ±5. 78
16	苦荬菜 *Lxeris pdycephala*	地上部	5. 56 ±2. 57
		根部	2. 45
17	艾蒿 *Artemisia argyi*	地上部	85. 86 ±23. 47
		根部	111. 75 ±42. 53
18	青蒿 *Artemisia apiacea* Hance	地上部	158. 75 ±38. 04
		根部	54. 51 ±21. 49
19	滇大蓟 *Cirsium chlorolepis* Petrat	地上部	329. 24 ±265. 48
		根部	6. 43 ±4. 06

续表 3－3

序号	种　类	部位	砷含量
20	紫茎泽兰 *Eupatorium coelestrium* L.	地上部	7.87±1.41
		根部	12.45±2.03
21	钻形紫苑 *Aster subulatus* Michx	地上部	2360
		根部	157.65
22	挖耳草 *Carpesium cernuum* L.	地上部	32.41±5.64
		根部	43.25±12.24
23	珠光香清 *Anaphalis margaritacea*（L.）	地上部	219.03±6.38
		根部	312.21±1.18
24	刺儿菜（草）*Cirsium setosum*（Willd.）MB.	地上部	7.92±2.15
		根部	16.54±5.36
25	小白酒草 *Conyza Canadensia*（L.）cronq	地上部	867.47±51.65
		根部	1200.12±241.51
26	三角叶凤毛菊 *Saussuare deltoidea*	地上部	106.48±32.64
		根部	278.62±41.57
27	牛尾蒿 *Artemisia dubia*	地上部	165.99±23.41
		根部	100.25±21.56
28	密毛蕨 *Pteridium revolutum*（Bl.）Nakai	地上部	9.15±3.18
		根部	11.70±2.34
29	蕨菜 *Pteridium var. latiusculum*	地上部	13.46±6.24
		根部	64.51±11.35
30	蜈蚣蕨 *Pteris vittata* L.	地上部	1446.34±686.14
		根部	541.03±253.11
31	大叶井口边草 *Pteris cretica* Var. nervosa.	地上部	897.54±134.25
		根部	321.47±51.87
32	凤尾蕨 *Pteris nervosa* Thunb.	地上部	33.12±5.62
		根部	129.23±14.69
33	剑叶凤尾蕨 *Pteris ensiformis*	地上部	52.24
		根部	229.36

续表3-3

序号	种类	部位	砷含量
34	长根金星蕨 *Parathelypteris beddomei*(Bak.) Ching	地上部	14.1
		根部	55.9
35	打破碗花花 *Anemone hupehensis* Lemonie	地上部	141.56 ±43.28
		根部	268.47 ±62.19
36	溪畔银莲花 *Anemone rivularis* Buch. – Ham.	地上部	10.30 ±3.42
		根部	65.48 ±32.14
37	粗齿铁线莲 *Clematis var argentilucida*	地上部	11.12 ±3.48
		根部	274.28 ±58.64
38	南马尾黄连 *Thalictrum delavayi* Franch	地上部	15.80 ±4.23
		根部	124.62 ±52.31
39	油菜 *Brassica campestris var. oleifera* DC.	地上部	163.87 ±42.58
		根部	31.74 ±14.51
40	地甘豆 *Cardamine flexuosa* With	地上部	76.82 ±21.45
		根部	246.52 ±46.25
41	傣酸杆 *Polygonum malaicum* Danser	地上部	108.90 ±122.66
		根部	198.95 ±183.92
42	绵毛酸模 *Polygonum lapathifolium* L.	地上部	123.91 ±42.16
		根部	861.45 ±92.32
43	齿果酸模 *Rumex dentatus* L.	地上部	167.49 ±42.58
		根部	564.21 ±34.57
44	黑酸杆 *Polygonum rude*	地上部	74.64 ±23.15
		根部	164.23 ±41.57
45	黑果拔毒散 *Polygonum dielsii* Levl.	地上部	747.21 ±147.2
		根部	965.32 ±201.23
46	尼泊尔蓼 *Polygonum nepalense* Meisn.	地上部	702.71 ±45.62
		根部	87.18 ±63.14
47	截铁扫帚 *Lsepedeza cuneata* (Dum. Cours.)	地上部	125.15 ±32.62
		根部	204.51 ±42.35

续表 3－3

序号	种　类	部位	砷含量
48	波叶山蚂蟥 *Desmodium sinuatum* Bl.	地上部	50. 50
		根部	34. 33
49	黄香草木樨 *Melilotus officinalis*（L.）Desr	地上部	146. 52 ±34. 78
		根部	265. 15 ±63. 25
50	白刺花 *Sophora viciifolia* Hance	地上部	95. 81
		根部	241. 58
51	蔓草虫豆 *Atylosia scarabaeoides*（L.）Benth.	地上部	240. 01
		根部	361. 42
52	鹿霍 *Khynchosia volubilis* Lour.	地上部	42. 35
		根部	154. 64
53	西南槐树 *Sophora mairei* Pamp.	地上部	51. 70 ±23. 14
		根部	364. 45
54	甘葛 *Pueraria edulis* Pamp.	地上部	28. 20 ±10. 18
		根部	106. 34 ±42. 15
55	多花芫子梢 *Campylotropis polyantha*（Franch.）	地上部	19. 29 ±5. 24
		根部	85. 24 ±16. 54
56	截叶铁扫帚 *Lsepedeza cuneata*（Dum. Cours.）	地上部	34. 25 ±14. 52
		根部	65. 24 ±31. 24
57	紫云英 *Astragalus sinicus* L.	地上部	6. 03 ±3. 15
		根部	74. 25 ±41. 65
58	野兰枝子 *Indigofera pseudotinctoria* Matsum	地上部	5. 69 ±1. 66
		根部	231. 14 ±51. 26
59	四季豆 *Phaseolus vulgaris* L.	地上部	121. 13 ±32. 65
		根部	74. 51 ±32. 14
60	狭叶山黄麻 *Trema angustifolia* Bl.	地上部	143. 25
		根部	325. 64
61	羊蹄甲 *Bauhinia variegata*	地上部	246. 54 ±64. 58
		根部	465. 23 ±98. 12

续表 3-3

序号	种 类	部位	砷含量
62	三叶草 *Trifolium repens* L.	地上部	244.36 ±56.12
		根部	270.55 ±69.48
63	类芦 *Neyraudia reynaudiana* (*kunth*) Keng	地上部	126.24 ±41.32
		根部	645.32 ±102.47
64	甘蔗 *Saccharum officinarum* Linn. Sp. PL.	地上部	76.40
		根部	289.42
65	矛叶荩草 *Arthraxon lanceolatus* (Koxb) Hochst	地上部	102.34 ±42.65
		根部	248.97 ±68.74
66	狗牙根 *Cynodon dactylon* (L.) Pars	地上部	7.54
		根部	65.48
67	斑茅 *Saccharum arundinaceum* Ktz	地上部	14.21 ±1.72
		根部	96.48 ±21.45
68	白茅 *Imperata cylindrica* (L.) Beauv.	地上部	136.54 ±48.72
		根部	368.94 ±84.54
69	石芒草 *Arundinella nepalensis* Trin	地上部	2.93 ±0.57
		根部	10.00 ±2.71
70	玉米 *Zea mays* L.	地上部	76.70 ±24.15
		根部	60.97 ±32.51
71	野燕麦 *Avena fatua* L.	地上部	246.4 ±54.65
		根部	713.85 ±162.34
72	云南山梅花 *Philadelphus delavayi* L. Henry	地上部	125.14 ±26.35
		根部	268.74 ±64.51
73	溪畔红升麻 *Astilbe rivularis Buch.* Ham. exD. Don	地上部	14.36
		根部	11.23
74	白芷 *Heracleum scabridum* Fridum	地上部	62.35 ±14.51
		根部	178.95 ±53.14
75	窃衣 *Torillis scabara* (Thunb.) DC	地上部	14.35 ±3.78
		根部	94.56 ±24.51

续表 3－3

序号	种　类	部位	砷含量
76	亚大苔草 *Carex brownie* Tuckerm	地上部	23.35 ±18.01
		根部	42.10 ±12.58
77	云南地桃花 *Urena labata L. var. yunnanensis*	地上部	3.17 ±4.24
		根部	64.52 ±47.58
78	水茄 *Solanum torvum* Swartz	地上部	22.55
		根部	67.24
79	蓖麻 *Kicinus communis* L.	地上部	36.61 ±5.82
		根部	69.48 ±14.52
80	夹竹桃 *Nerium indicum* Mill	地上部	43.30 ±12.45
		根部	98.41 ±36.47
81	异萼飞蛾藤 *Porana sinensis* Hemsl	地上部	60.34 ±14.52
		根部	164.85 ±43.57
82	红薯 *Ipomoea batatas*（Linn.）Lam.	地上部	16.08
		根部	36.67
83	披散问荆 *Equesetum difusm* D. Don	地上部	3.79 ±0.99
		根部	35.19 ±3.74
84	狗屎花 *Cynoglossum zeylanicum*（Vahl.）Thunb	地上部	10.15
		根部	105.47
85	密蒙花 *Buddieia officinalis* Maxim.	地上部	607.68 ±74.01
		根部	25.98 ±16.41
86	习见醉鱼草 *Buddleia asiatica* Lour	地上部	5.71 ±3.72
		根部	8.19 ±4.52
87	沙针 *Osyris wightiana* Wall	地上部	3.96
		根部	54.62
88	头花龙胆 *Gentiana cephalantha* Franch	地上部	33.40
		根部	64.91
89	滇丹参 *Salvia yunnanensis* C. H. Wright	地上部	36.67
		根部	58.82

续表 3-3

序号	种　类	部位	砷含量
90	清香桂 *Sarcococca ruscifolia* Stapf	地上部	10.31
		根部	12.17
91	蓝桉 *Eucalyptus globulus* Labill	地上部	42.53
		根部	264.78
92	长托菝葜 *Smilax ferox* Wall. ex Kunth	地上部	22.00 ±2.12
		根部	—
93	菝葜 *Smilax china* L.	地上部	76.6 ±4.56
		根部	134 ±21.34
94	豆果榕 *Ficus pisocarpa* Bl.	地上部	23.45 ±6.25
		根部	142.34 ±49.74
95	鬼吹箫 *Leacesteria Formosa* Wall	地上部	15.03 ±2.20
		根部	127.45 ±36.85
96	钟萼草 *Lindenbergia philippensis* (Cham.) Benth	地上部	6.66 ±4.18
		根部	63.47 ±14.98
97	茅瓜 *Melothria heterophylla* (Lour.) Cogn	地上部	9.18 ±5.23
		根部	165.98 ±61.74
98	长叶水麻柳 *Debregeasia longifolia* (Burm. f.) Wedd	地上部	8.49 ±8.61
		根部	153.28 ±42.65
99	马桑 *Coriaria Sinica* Maxim	地上部	12.65 ±0.07
		根部	7.01 ±1.89
100	星毛繁缕 *Stellaria vestita* Kurz	地上部	26.9 ±15.70
		根部	134.52 ±45.62
101	猪殃殃 *Galium aparine* L.	地上部	9.31 ±6.72
		根部	98.14 ±25.24
102	车前草 *Plantago asiatica* L.	地上部	129.05 ±35.47
		根部	190.12 ±65.78
103	小米菜/苋菜 *Amaranthus tricolor* linn	地上部	381.65 ±42.57
		根部	25.64 ±12.54

续表 3-3

序号	种　类	部位	砷含量
104	土牛膝 *Achyranthes aspera* L.	地上部	66.78 ±32.15
		根部	87.18 ±36.54
105	土荆介 *Chenopodium ambrosioides*	地上部	367.55 ±64.25
		根部	238.49 ±56.24

注："—"表示无此项数据，没有标准差的植物因为植物分布较少只采集到一株，样品较少未计算标准差，其余植物 $n=3$。

3.3.4 含砷金矿尾矿区植物富集系数与转运系数的对比

富集系数（BFC）反映了植物对某种重金属元素的积累能力，富集系数越大，超积累能力越强。为了提高植物修复的效率，植物地上部重金属含量应高于土壤含量，尤其是在土壤中重金属浓度较低的情况下更是如此。而转运系数（TF）则体现植物从根部向地上部运输重金属的能力。

BFC（富集系数）= 植物体内某种元素含量/土壤中该种元素的含量

TF（转运系数）= 植物地上部某种元素含量/植物根部该种元素的含量

根据对实验数据的分析，计算得出砷不同植物中的富集与转运能力。由于调查范围内土壤总砷含量较高，因此大部分植物均表现出富集系数和转运系数较小的特征。

所调查金矿区植物对砷的富集系数和转运系数大于1的植物较少，如图3-8所示，本调查仅发现蜈蚣草和钻型紫菀的富集系数 >1，表现出较好的富集能力。

转运系数（TF）是植物地上部和根部重金属含量的比值，可以体现植物从根部向地上部运输重金属的能力。在调查区域发现转运系数大于1的共计有25种植物，约占总调查植物的23.81%。说明砷相对不容易向地上转移，而筛选出的蜈蚣草等

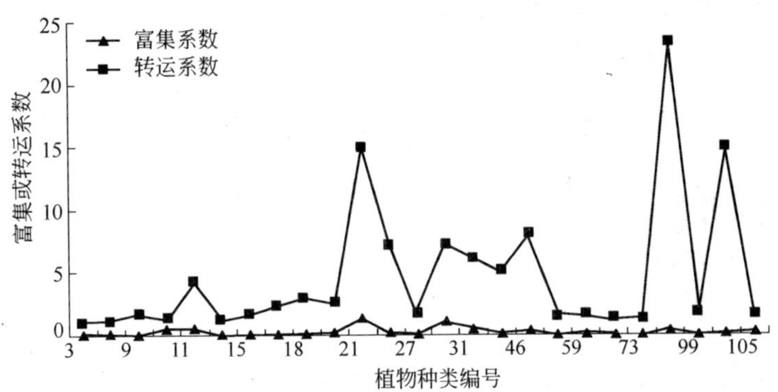

图3-8 研究区植物对砷的富集系数与转运系数

25种植物（编号如图3-8所示）对于砷有一定的向地上转运的能力，其中蜈蚣草（编号30）、大叶井口边草（编号31）、钻型紫菀（编号22）、密蒙花（编号85）、苋菜（编号103）、珠光香青（编号23）和尼泊尔蓼（编号46）的转运能力相对较强，其转运系数均大于6。蜈蚣草和大叶井口边草是公认的砷超富集植物，而其他植物如密蒙花、苋菜、珠光香青和尼泊尔蓼的生物量均较大，也能够耐贫瘠土壤，因此有进一步用于砷污染土壤植物修复研究的必要。

从图3-8可以看出，密蒙花富集系数和转运系数都相对比较高，说明该植物对砷的转运能力和累积能力都比较强，所以是所研究植物中最有潜力的修复植物。而对于后几种植物因为先锋植物、适应能力强，颇有进一步研究的必要和价值。

通过调查结果还可以看出，在4个矿区周围植物种类分布以菊科、禾本科、蔷薇科和蝶形花科占优势。其中菊科采集植物19种，有11种转运系数大于1，转运能力相对较强，蔷薇科8种植物中有2种转运系数大于1，禾本科植物9种中只有1种转运系数大于1，而蝶形花科植物采集到的16种中有2种转运系数大于1。

利用SPSS17.0对植物地上部位富集系数进行聚类分析，如图3-9所示。

```
CASE                0        5        10       15       20       25
Label        Num    +--------+---------+--------+--------+--------+

刺儿菜（草）  24    -+
清香桂        90    -+
长叶水麻柳    98    -+
密毛蕨        28    -+
茅瓜          97    -+
溪畔银莲花    36    -+
马桑          99    -+
狗屎花        84    -+
蕨菜          29    -+
溪畔红升麻    73    -+
粗齿铁线莲    37    -+
长根金星蕨    34    -+
狗牙根        66    -+
鬼吹箫        95    -+
火把果         1    -+
猪殃殃       101    -+
三叶鬼针草    15    -+
斑茅          67    -+
窃衣          75    -+
黄蘼           6    -+
牡蒿           9    -+
南马尾黄连    38    -+
红薯          82    -+
水茄          78    -+
石芒草        69    -+
云南地桃花    77    -+
苦荬菜        16    -+
披散问荆      83    -+
紫茎泽兰      20    -+
钟萼草        96    -+
野兰枝子      58    -+
习见醉鱼草    86    -+
沙针          87    -+
棠棣花         5    -+
紫云英        57    -+
多花芫子梢    55    -+
豆果榕        94    -+
凤尾蕨        32    -+
星毛繁缕     100    -+
滇丹参        89    -+
头花龙胆      88    -+
小飞蓬        13    -+
亚大苔草      76    -+
西南栒子       2    -+
长托菝葜      92    -+
西华小石积     7    -+
波叶山蚂蟥    48    -+
剑叶凤尾蕨    33    -+
甘葛          54    -+
鹿霍          52    -+
蓝桉          91    -+
夹竹桃        80    -+
```

土牛膝	104
蓖麻	79
截叶铁扫帚	56
挖耳草	22
地甘豆	40
菝葜	93
黑酸杆	44
西南槐树	53
玉米	70
白芷	74
甘蔗	64
异萼飞蛾藤	81
灯盏花	12
三角叶风毛菊	26
艾蒿	17
绵毛酸模	42
四季豆	59
矛叶荩草	65
牛尾蒿	27
车前草	102
傣酸杆	41
截铁扫帚	47
云南山梅花	72
倒挂刺	4
青蒿	18
白刺花	50
白茅	68
齿果酸模	43
打破碗花花	35
狭叶山黄麻	60
黄香草木樨 M	49
小米菜 / 苋菜	103
类芦	63
锈毛莓	3
三叶草	62
茅莓	8
蔓草虫豆	51
油菜	39
野燕麦	71
尼泊尔蓼	46
密蒙花	85
滇大蓟	19
珠光香清	23
羊蹄甲	61
土荆介	105
肿柄菊	14
烟管头草	10
白苞蒿	11
小白酒草	25
大叶井口边草	31
黑果拔毒散	45
钻形紫苑	21
蜈蚣蕨	30

图 3-9 地上部位富集系数聚类分析结果

从图3－9可以看出，由于矿区土壤砷含量较高，污染严重，植物虽然砷含量普遍较高，但是与土壤含量相比则相对较小，因此在所调查金矿区地上部位富集系数＞1（即茎叶含量大于土壤砷含量）的只有钻型紫菀和蜈蚣草。就所研究区域，蕨类植物中以凤尾蕨科向地上部转运能力较强，而金兴蕨科和蕨科植物则相对较差，在常见草本植物中，菊科和蓼科植物有相对较强向地上转运砷的能力，而禾本科、蝶形花科、蔷薇科、毛茛科和其他种类分布较少的科则相对转运能力较弱。在木本植物中，只有密蒙花有较强的积累和转运砷的能力。

利用SPSS17.0对植物根部富集系数进行聚类分析，如图3－10所示。

```
                CASE         0         5        10        15        20        25
  Label          Num         +---------+---------+---------+---------+---------+

  菝葜             93   -+
  星光繁缕        100   -+
  猪殃殃          101   -+
  钻形紫菀         21   -+
  多花芫子梢       55   -+
  滇大蓟           19   -+
  南马尾黄连       38   -+
  斑茅             67   -+
  鬼吹箫           95   -+
  狗牙根           66   -+
  窃衣             75   -+
  艾蒿             17   -+
  凤尾蕨           32   -+
  狗屎花           84   -+
  大叶井口边草     31   -+
  白苞蒿           11   -+
  长叶水麻柳       98   -+
  鹿霍             52   -+
  甘葛             54   -+
  车前草          102   -+
  火把果            1   -+
  黑酸杆           44   -+
  土荆介          105   -+
  异萼飞蛾藤       81   -+
  豆果榕           94   -+
  茅瓜             97   -+
  三角叶凤毛菊     26   -+
  剑叶凤尾蕨       33   -+
  白芷             74   -+
  茅莓              8   -+
  蜈蚣蕨           30   -+
  傣酸杆           41   -+
  小飞蓬           13   -+
  截铁扫帚         47   -+
  三叶草           62   -+---+
  甘蔗             64   -+   |
```

锈毛莓	3
野兰枝子	58
刺儿菜(草)	24
密蒙花	85
紫茎泽兰	20
石芒草	69
小米菜 / 苋菜	103
牡蒿	9
清香桂	90
三叶鬼针草	15
溪畔红升麻	73
习见醉鱼草	86
密毛蕨	28
苦荬菜	16
马桑	99
波叶山蚂蟥	48
亚大苔草	76
披散问荆	83
红薯	82
油菜	39
西南栒子	2
青蒿	18
滇丹参	89
挖耳草	22
长根金星蕨	34
珠光香清	23
土牛膝	104
灯盏花	12
尼泊尔蓼	46
玉米	70
头花龙胆	88
蕨菜	29
水茄	78
夹竹桃	80
沙针	87
牛尾蒿	27
钟萼草	96
四季豆	59
棠棣花	5
溪畔银莲花	36
截叶铁扫帚	56
云南地桃花	77
紫云英	57
蓖麻	79
齿果酸模	43
羊蹄甲	61
野燕麦	71
烟管头草	10
西南槐树	53
黄鹿	6
地甘豆	40
矛叶荩草	65
打破碗花花	35
云南山梅花	72
黄香草木樨 M	49
蓝桉	91
粗齿铁线莲	37

```
蔓草虫豆      51  -+                                              |
西华小石积     7  -+                                              |
白茅          68  -+                                              |
倒挂刺         4  -+                                              |
肿柄菊        14  -+                                              |
狭叶山黄麻    60  -+                                              |
白刺花        50  -+                                              |
小白酒草      25  -+-+                                            |
黑果拔毒散    45  -+ +--------------------------------------------+
绵毛酸模      42  -+-+
类芦          63  -+
```

图 3－10 根部位富集系数聚类分析结果

从图 3－10 可以看出，蕨类植物普遍吸收砷在根部累积能力相对较弱，而草本植物中，蓼科、禾本科、蝶形花科、蔷薇科和菊科植物从土壤吸收砷并且在根部累积能力相对较强，而其他分布种类较少的科属则相对吸收能力较弱。在木本植物中，蓝桉对于砷的吸收能力较强，但是转运能力较弱。

3.3.5 含砷金矿尾矿区土壤及植物金含量分析

实验数据结果表明，在所测土壤样品中，有密蒙花和四季豆对应的土壤中的金含量分别为 1.000mg/kg 和 1.067mg/kg ，土壤中的金很可能是由于以前这里采用废弃的尾矿进行种植，又由于当时技术的限制，提取金的效率不是很高，所以直到现在土壤里仍含有微量的金。

测定的尾矿泥中的金含量为 1.091mg/kg。说明原矿中有部分金可能因为被毒砂、黄铁矿等矿物包裹而不易被提取，因此并未与 CN^- 络合，而是残留在尾矿砂中。这对完善金矿区域土壤的地球化学特征有一定的研究价值，同时也可把含少量金的土壤及尾矿泥作为冶金的二次资源重新利用。

另外，在所测植物样品中，发现青蒿植物体内含有微量的金，其含量为 0.2875mg/kg，而青蒿生物量大、适应能力强、分布范围广，有很大的植物冶金潜力和研究价值。可以考虑通过直接燃烧此植物的秸秆来提取金，这对以后寻找金矿的指示植物和利用植物冶金具有一定的研究价值。

3.4 讨论

砷普遍存在于很多有色金属矿床中，伴随着有色金属的选冶而进入大气、水体和土壤，因而造成了土壤不同程度的砷污染。通过对云南、贵州四个典型含砷金矿废石场、尾矿区周围土壤砷含量调查发现，各个样点尾矿库土壤样品中 As 的含量分布不均匀，但是均遭受了严重的砷污染，这与徐步县等研究结果一致。导致污染的原因一方面是客观的地质条件导致土壤背景值偏高，另一方面是含砷金矿选冶过程中的三废排放，其中主要砷污染来源于原矿中高含量的砷，其次是废气、粉尘和选矿废水的污染。

自从超富集植物概念以及植物修复思想的提出，国内外众多研究者开始了重金属超富集植物的筛选，而污染矿区是筛选超富集植物的主要场所之一。但是关于砷的超富集植物种类发现较少，目前多集中于凤尾蕨属，对于其他科属是否有砷超富集植物存在，需要进行大量的研究。通过对研究区域植物砷含量调查表明，蜈蚣草、大叶井口边草仍然能够大量富集砷，这也进一步证实了蜈蚣草不论其地理分布和种群差异，都具有超积累砷的特性和能力。另外研究发现菊科、蓼科等分布较广泛的野生草本植物中相对较强的转运能力，而禾本科、蝶形花科和蔷薇科等则是吸收积累在根部的种类较多。虽然不同种属的植物特性差别很大，但是通过初步调查仍然能够为进一步筛选砷超富集植物提供一点新的思路。

目前工业应用含砷金矿多为经过焙烧预处理后，再添加氢氧化钠等，在强碱性条件下进行氰化浸出回收金，因此尾矿砂中 As 往往以难溶的砷酸钙或残渣态等形式沉积于植物根部，所以其向植物地上部迁移的能力较弱。因此在金矿区筛选超富集植物有一定难度。

超富集植物通常具有如下三个特点：对重金属的吸收量大、将重金属由地下部至地上部的转运能力强和地上部对重金属的耐性强。本土采集的蜈蚣草和大叶井口边草依然具备以上三个特点。另外一些本土植物如钻型紫菀、密蒙花、珠光香青、尼泊尔蓼和小米菜的转运能力也很强，其转运系数分别达到14.97、23.39、7.232、8.06和14.88，说明这些植物也都能将根系吸收的As大量转移到其地上部。再加之这几种植物适应能力较强，生物量相对比较高，也可作为修复植物来使用。这些都需要进一步研究证实。矿区其他植物对As的吸收、积累能力一般，其富集系数、转运系数以及实际富集量相对较低，所以难以将其应用于含砷金尾矿污染土壤的植物修复中。

在所测贵州兴仁尾矿区土壤样品中，生长有密蒙花和四季豆对应的土壤中的金含量分别为1.000mg/kg和1.067mg/kg，新排放尾矿泥中的金含量为1.091mg/kg，其余土壤样品未检出，这表明有一定的黄金资源存在着浪费。金尾矿中金的存在较为普遍，尤其是在20世纪70年代一些落后的浮选工艺下，很多尾矿都有一定的金残留。苏惠民等对大柳行金矿尾矿研究也表明，大柳行金矿矿石属中温热液石英脉与蚀变花岗岩混合型金矿石。虽然采用重选-浮选流程后，但是受磨矿细度、浮选时间等因素影响，尾矿金品位偏高，平均约0.34g/t，有一定的回收价值。而且通过考察还发现，尾矿在尾矿库内流动过程中，发生了较强的二次富集作用。在坝体附近尾矿金品位大于2g/t。向下游方向品位逐渐变低。尾矿细度呈现由粗至细的分布状态。李江涛等研究表明，原生硫化矿石经化学预氧化后，采用氰化提金工艺后的氰渣中也存在金流失。其原因主要是原矿石含碳较多，加之在炭浸过程中，部分活性炭被磨损，导致在尾矿库中漂浮着较多的炭末，吸附大量的金。

尾矿中金分布更加不均匀，很可能是以微粒浸染态被包裹在某些未被打开的矿物中，利用一般湿法选冶工艺很难再次提取金资源，必须采取可行的方法进行金尾矿的二次利用。目前植物冶金逐渐引起人们的关注，国外已经有镍、金、铊等的冶金实例。众多研究表明，只要植物生长介质中含有10%~20%的Au，经过合适的处理，任何植物都可以吸收金，由这个数据推断土壤中Au的浓度要达到2～4 g/t，植物干材料中Au才能达到100mg/kg。虽然如此高的介质比较难于实现，但是若能够筛选到金的超富集植物，则对于尾矿中低浓度的金也可以进行很好的富集浓缩，而在植物中进行贵金属金的回收则相对容易和经济可行。因此有必要进行金超富集植物的筛选研究。

由于金的稳定性较强，目前筛选出的金超富集植物较少，本研究在尾矿区采集的105种植物中只有青蒿对于金的积累量达到0.2875mg/kg，其他植物体内均未能检出Au，虽然青蒿没有达到金超富集植物的临界含量（1mg/kg）的要求，但是鉴于该植物的生长迅速、生物量大以及金的难溶性和尾矿金品位较低，且多为包裹态等难以浸提的形态，可以考虑利用植物冶金进行尾矿库的金回收。即通过种植对金有一定累积能力的植物，靠植物把尾矿中分散的金浓缩到植物体内，再进行焚烧冶炼二次回收黄金资源。

3.5 本章小结

（1）通过对四个金矿尾矿区周围土壤调查表明，各样点土壤As含量分布不均匀，平均含量为1867.95mg/kg。大大超过《土壤环境质量标准》（GB 15618—1995）中的砷含量旱地三级标准值（为保障农林业生产和植物正常生长的土壤临界值，不大于40mg/kg）。土样超标率100%，砷污染指数在6.45～89.85，均大于3，属于重度砷污染区域。因此，必须采取措施对当地的污染土壤进行修复。另外要对含砷金矿的焙烧处理采取尾气除尘、除砷治理和减少尾矿砂砷含量等措施，以减少尾矿库周围土壤As污染和覆土造田的尾矿库对土壤进行污染。

（2）尾矿库有微量金残留，但是仅靠氰化堆浸很难达到工业利用价值，因此有必要探索新的方法进行金的二次回收利用，例如筛选金超富集植物，利用植物冶金来进行。

（3）含砷金矿区周围植物砷含量变化较大，矿区周围有蜈蚣草大量分布。除矿区采集的植物蜈蚣草和大叶井口边草仍然满足砷超富集植物要求外，钻型紫菀茎叶砷含量也达到2360mg/kg，具备一定砷超积累的潜力。但是因为该种植物仅在文山矿区采集到，且分布较少，所以没能够进行进一步的验证其砷积累特性。其余植物富集系数均小于1，并且茎叶中砷含量也都没有达到砷超富集植物的临界含量限值（1000mg/kg）。其中密蒙花、黑果拔毒散、小白酒草、白苞蒿、珠光香青、小米菜、土荆介等几种植物地上部As积累量相对较高，尤其是密蒙花、珠光香青、小米菜和土荆芥的地上部位砷含量显著高于根部，富集系数相对较高。通过查阅资料并且结合实地调查，这四种植物地上部位生物量均较高，因而可将其作为一种修复植物来修复土壤砷污染。

（4）通过矿区植物种类分布及其砷含量调查，还发现贫瘠、有害元素含量高的尾矿区分布植物以菊科、禾本科、蝶形花科等草本植物为优势，而灌木种类分布较少，主要有密蒙花和蓝桉等先锋树种或速生树种。其中蓼科、禾本科、蝶形花科、蔷薇科和菊科植物从土壤中吸收砷并且在根部累积能力相对较强，向地上部转运的能力则以凤尾蕨科、菊科和蓼科相对较强，而其他分布种类较少的科属则相对吸收能力较弱。

综上所述，矿区具备超富集植物尤其是蜈蚣草的生长条件，可以利用本土超富集植物（蜈蚣草等）进行金矿除砷首选植物，因此有必要对金矿矿物进行分析，以探讨蜈蚣草在金矿上生长的可行性。

4 含砷金矿组成及矿物嵌布特点

4.1 引言

金在地壳中分布很广，但是含量极低。工业上最重要的金矿床多数是属于热液型的。目前在自然界中已经发现的金矿物有98种，但是常见的只有40余种，而在工业上有价值的只有10余种。其中自然金、银金矿和金银矿最具有工业意义。砷和锑矿物对金银的氰化极为有害。锑矿常常为辉锑矿（Sb_2S_3）和自然锑（Sb），而在金矿石中，砷常常以雌黄（As_2S_3）、雄黄（AsS/As_4S_4）和毒砂（FeAsS）的形态存在。而这些砷锑矿物除毒砂外均可以与氰化物作用，从而影响氰化浸出效率。如果毒砂对于金微粒形成包裹状态，则也会大大降低金的浸出效率。

矿石中金的赋存状态和矿物组成是限制金浸出效率的根本原因之一，造成这些矿石难处理的原因是多方面的，矿石中金的赋存状态和矿物组成是限制金浸出效率的根本原因之一，根据工艺矿物学的特点分析，中国难处理矿金矿资源大体上可分为三种主要类型。第一种为高砷、碳、硫类型金矿石，在此类型中，用常规氰化提金工艺，金浸出率很低且需消耗大量的氰化钠；第二种为金以微细粒和显微形态包裹于脉石矿物及有害杂质中的含金矿石，在此类型中，采用常规氰化提金或浮选法富集，金回收率均很低；第三种为金与砷、硫嵌布关系密切的金矿石，其特点是砷与硫为金的主要载体矿物，此种类型矿石往往金浸出率较低，且因含砷超标难以出售。

含砷金矿一般皆属于难处理矿石，其资源的开发利用是世界性难题。因此对于金矿物相进行分析成为必然。针对前边进行土壤和植物砷含量调查的渭砂金矿（WS）、官厅金矿（GT）、普雄金矿（PX）和兴仁紫木凼金矿（XR）四个矿区分别收集了部分金矿样品进行金、砷含量测定，筛选出金砷含量均较高的兴仁金矿样品作为进一步植物除砷的目标，因此选定贵州兴仁金矿进行物相、矿石嵌布特点和多元素分析等。并且针对兴仁金矿矿样进行直接氰化浸出试验，探究其金直接浸出效率和可能造成的砷污染。

4.2 材料与方法

4.2.1 矿样制备

将矿样碾碎，均匀混合后四分法缩分至100g左右制备平均样品，碾磨过筛至 -200 目（ -0.074mm）分析。采用设备：贵阳探矿机械厂生产的 XPF150B 圆盘碾磨机。

4.2.2 矿样多元素分析

4.2.2.1 矿样金含量分析

把从 4 个矿区采集的矿样分别通过四分法进行混匀后，均匀装选矿物样品 4 个，每个矿样 3 个重复。送至昆明冶金研究院进行金含量测定。20g 矿样以灼烧法除去硫及有机物后，用王水分解，活性炭吸附柱动态吸附、富集金。灰化除去活性炭后，用王水溶解金，在稀王水介质中，用火焰原子吸收法直接测定金含量。

4.2.2.2 矿样砷含量分析

把从 4 个矿区采集的矿样分别通过四分法进行混匀后，均匀装选矿物样品 4 个。每个矿样 3 个重复。称取 0.2g 矿物样品于消解管中，利用 HNO_3-H_2SO_4 =2∶1（体积比）消解，稀酒石酸溶液溶解定容、过滤。用氢化物发生 - 原子吸收光谱法测定，其中原子吸收光谱仪为美国 Varian AA240FS 型，氢化物发生器购自北京瀚时制作所（WHG - 103 型）。砷标准溶液购自国家标准物质研究中心。分析中所用试剂均为优级纯。样品分析过程中分别采用国家标准参比物质（GBW－07401）进行分析质量控制。标样测定结果均在允许误差范围内。具体操作方法参照金矿石砷含量测定标准（GB/T20899.3）和土壤有关方法。

4.2.2.3 矿样其他元素含量分析

选取砷、金含量较高的兴仁金矿矿物样品送至昆明冶金研究院进行多元素分析，每个矿样 3 个重复。测定其 Ag、Ca、Pb、Fe、Mg、Mn、K、Sb、S、C、P 等元素含量。

4.2.3 金矿样品矿石矿物组成分析

根据前述 4 矿区矿样金、砷含量分析结果，选定金、砷含量均较高的兴仁紫木凼金矿进行后续的植物除砷研究。均匀装取兴仁金矿矿样分别送到昆明理工大学分析测试中心和昆明市冶金研究院进行 X 射线衍射分析（XRD，X-Ray Diffracteometer）试验研究，进行选定矿区矿样的物相定性与定量分析。

昆明理工大学分析测试中心 X 射线衍射仪型号为 D/Max-2200（Rigaku），昆明市冶金研究院用日本理学 3051 升级型 X 射线衍射仪（Rigaku）。

XRD 分析选用技术参数如下：

X 射线光管：Cu 靶，额定电流：20mA，额定电压：35kV，扫描范围 4°～90°，扫描速度：4(°)/min。

具体分析步骤：

（1）样品制备。两矿样均为灰色粉体样品，有结块但为疏松结构。其中原矿样中有褐色片状，灰白色块状矿物存在。利用贵阳探矿机械厂生产的 XPF150B 圆盘碾磨机将矿样碾碎，均匀混合后四分法缩分至 100g 左右制备平均样品，碾磨过筛至－200 目（－0.074mm）分析。

（2）水析分离样品。取矿样各 50g，浸泡 3h。水析分离得到轻重两部分样品，轻部分样品为灰白色细粒状，重部分样品含有褐色片状矿样和黑色具金属光泽矿粒。

（3）XRD分析。各部分利用日本理学3051升级型X射线衍射仪分析其物相形态并且计算矿物相对含量。

4.2.4 金矿物形态特征

4.2.4.1 自然金的形态特征

把从贵州采集的矿样通过四分法进行混匀后，均匀装选矿物样品4个，分别送到昆明市冶金研究院、山东招金矿业金翅岭金矿进行金矿形态特征分析、金嵌布特点分析和金矿物粒度特征分析。

4.2.4.2 金矿物赋存状态特征

由于矿石中金矿物颗粒极其微细，对该矿石中金的赋存状态，只能够采用选择性溶金实验方法和单矿物含金分析相结合来测定，分析步骤如下。

（1）硫化物中包裹金的测定。对磨细度-200目通过的金矿粉，先用Ia+IK法浸出除掉单体或暴露连生金，浸渣分别用硝酸、碱打开黄铁矿和毒砂、再用Ia+IK法浸取溶离出来的金即为硫化物中包裹金的含量。其余比例为脉石矿物中的金含量。

（2）黄铁矿与毒砂中包裹金的测定。为把硫化物中的毒砂与黄铁矿含金量分开，作了黄铁矿单矿物含金分析，并且据此求出毒砂含金量，黄铁矿是通过浮选富集，再用酸处理掉其他矿物，最后镜下挑纯，纯度经化验分析证实很纯（95%～98%），可以作为参考依据。

（3）以水云母为主的黏土矿物与石英中包裹金的测定。根据金载体矿物性质不同，针对以水云母为主的黏土矿物都含定量结晶水，颗粒细小，表面吸附力强等特点，而采用焙烧浸出。定温定时焙烧使其失水改变晶体内部结构和破坏它外部吸附（电、化）场的性质。样品经焙烧后的浸出率包含黏土矿物中吸附金和硫化物中包裹金，扣除前边测得的硫化物含金量，即为黏土矿物吸附金的含量，其他为石英包裹金比例。

4.2.5 金矿样品基质基本理化性质分析

通过测定兴仁矿样 pH 值为 7.5，碳酸钙含量高，类似于石灰性土壤。因此为把金矿样品作为基质栽种蜈蚣草，进行植物除砷，有必要像土壤一样进行兴仁金矿基本理化性质测定分析。以为金矿上植物生长调控奠定基础。具体包括速效氮、磷、钾含量和有机质含量。

4.2.5.1 金矿基质速效氮含量测定

该矿样类似于石灰性土壤的理化特性，因此参照土壤速效氮含量测定方法进行矿样速效氮含量测定土壤水解性氮或称碱解氮包括无机态氮（铵态氮、硝态氮）及易水解的有机态氮（氨基酸、酰铵和易水解蛋白质）。用碱液处理土壤时，易水解的有机氮及铵态氮转化为氨，硝态氮则先经硫酸亚铁转化为氨。以硼酸吸收氨，再用标准酸滴定，计算水解性氮含量。称取通过 1mm 筛的矿样 2g，用扩散吸收法测定速效氮含量。3 个重复。

4.2.5.2 金矿基质速效磷含量测定

矿样 pH 值 7.5，碳酸钙含量高，类似于石灰性土壤，因此借鉴中性土壤和石灰性土壤速效磷测定方法，称取通过 1mm 筛孔的风干矿样 2.5g（精确到 0.01g）于 250mL 三角瓶中，利用碳酸氢钠浸提法（磷钼蓝比色法）进行金矿速效磷含量测定。同时做试剂的空白试验。3 个重复。

4.2.5.3 金矿基质速效钾含量测定

以醋酸铵为提取剂，铵离子将土壤胶体吸附的钾离子交换出来。提取液用火焰光度计直接测定。称取通过 1mm 筛孔的风干土 5g（精确到 0.01g）于 100mL 三角瓶中，加入 50mL 1mol/L

中性醋酸铵溶液，塞紧橡皮塞，振荡15min后立即过滤，滤液在昆明理工大学分析测试中心用ICP（利曼莱伯斯PS1000）测定。3个重复。

4.2.5.4 金矿基质有机质含量测定

把矿样在实验室内平铺成薄薄一层，每天翻动一次，约10天后，待Fe^{2+}氧化成Fe^{3+}后，称取过0.25mm筛矿样0.5g，利用重铬酸钾容量法（外加热法）测定矿样有机碳含量，并且换算有机质含量。矿样3个重复。

4.3 实验结果

4.3.1 原矿物多元素分析结果

4.3.1.1 矿样金、砷含量分析结果

4个矿区金、砷含量分析结果如表4－1所示。

表4－1 研究金矿区矿石金、砷含量分析结果 （mg/kg）

矿样来源	PX	GT	WS	XR
金含量	0.65 ±0.17	1.05 ±0.32	1.32 ±0.21	3.8 ±0.65
砷含量	1757.64 ±337.35	2427.71 ±420.64	3549.12 ±515.17	0.85% ±0.02%

从表4－1可以看出，普雄、官厅和渭砂金矿的金含量偏低。并且PX、GT、WS矿样砷含量也相对较低，对金矿金浸出的有害影响相对较小。同时金矿品位过低时，在实验室进行植物除砷前后金浸提效率比较时往往误差较大，甚至可能由于金分布的不均匀性而导致没有金的浸出，因此选择金、砷含量均较高的贵州兴仁紫木凼金矿作为后续植物除砷的目标矿样。

4.3.1.2 矿样多元素分析结果

利用ICP测定分析得出兴仁金矿多元素成分分析如表4－2

所示。由表4-2可以看出矿样砷、钙含量很高，同时含有一定植物生长所需要的必需元素，如C、P、K、S、Zn、Ca、Mg等。能够满足植物生长，符合我们选定矿样的要求。

表4-2 贵州兴仁金矿矿石多元素分析结果

元素	Au	Ag	Si	P	K
含量/$mg \cdot kg^{-1}$	3.8	3.5	1030	521	5740
元素	As	Fe	Ca	TiO_2	Al_2O_3
含量/%	0.85	0.14	0.89	2.0	7.79
元素	Na_2O	C	Sb	S	Mg
含量/%	0.09	9.41	0.08	2.88	0.941
元素	Pb	Cu	Mn	Zn	Hg
含量/$mg \cdot kg^{-1}$	166	53.74	525	88.69	570

4.3.2 金矿样品矿石矿物组成

矿物是地壳中的化学元素在各种地质作用下形成的自然产物，是岩石的组成单位。一般矿物分为原生矿物和次生矿物两大类，前者由地壳深处的熔融状态的岩浆冷凝固结而成，如石英、长石、云母、辉石、角闪石等；后者是原生矿物经过物理、化学风化作用，组成和性质发生化学变化，形成的新矿物称次生矿物，如方解石、高岭石、伊利石（水白云母）和蒙脱石等。其中次生矿物以黏土矿物为主，黏土矿物以结晶层状硅酸盐矿物为主，此外还有Si、Al、Fe的氧化物及水合物。

把从贵州采集的矿样通过四分法进行混匀后，均匀选取原矿样品送检，委托昆明市冶金研究院物相分析室进行矿物形态定性和定量分析。XRD分析结果如图4-1所示。

矿石中金属矿物组成较为复杂，本次鉴定中所见金属矿物为：黄铁矿、毒砂、闪锌矿、黄铜矿、方铅矿、辉锑矿、自然

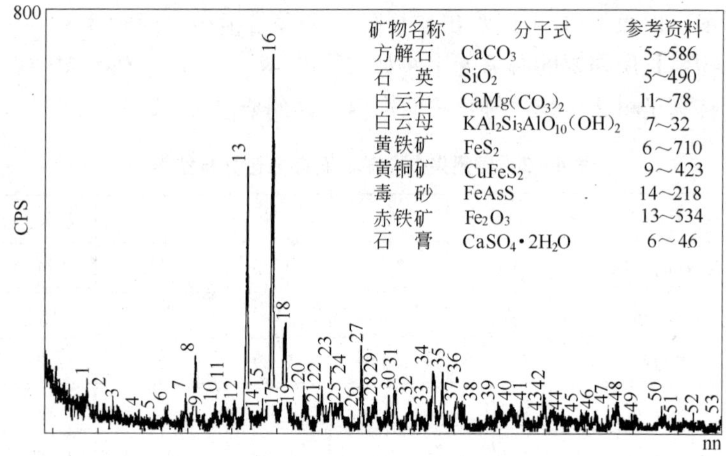

图4－1 选定矿样XRD物相分析

锑、黝铜矿、赤铁矿、褐铁矿、臭葱石、铜蓝、辉铜矿及贵金属矿物：自然金、银金矿石、自然银、辉银矿。值得注意的是虽然矿物组成较为复杂但是矿石中所含的金属矿物主要是以黄铁矿、毒砂和赤铁矿为主，占金属矿物相对含量的97%以上，而其他矿物含量微少。通过矿石镜下物质组成查定和矿石多元素等化学分析可知，矿石的金属矿物主要为黄铁矿和毒砂，其他金属硫化物和次生氧化物矿物含量微少，没有综合回收价值。

矿石中脉石矿物组成主要是以碳酸盐矿物方解石、白云母、石英、白云石为主，其次为长石等其他矿物。矿石中矿物组成见表4－3统计测量结果。

表4－3 矿石中矿物组成分析

金属矿物			非金属矿物	
矿　物	占金属矿物相对含量/%	占矿石矿物平均含量/%	矿　物	占矿石矿物平均含量/%
黄铁矿 FeS_2	50.24	5.51	石英 SiO_2	19.24

续表4-3

金属矿物			非金属矿物	
矿 物	占金属矿物相对含量/%	占矿石矿物平均含量/%	矿 物	占矿石矿物平均含量/%
毒砂 FeAsS	25.80	2.83	碳酸盐矿物：方解石 $CaCO_3$、白云石 $CaMg(CO_3)_2$、菱铁矿 $CaFe(CO_3)_2$	35.60
赤铁矿 Fe_2O_3、褐铁矿 Fe_2O_3	22.42	2.46		
辉锑矿 Sb_2S_3、自然锑 Sb	1.00	0.11	硅酸盐矿物：白云母 $KAl_2(AlSi_3O_{10})(OH)_2$	27.93
闪锌矿 ZnS	0.18	0.02	黏土矿物：蒙脱石 $Al_4Si_8O_{20}(OH)_4 \cdot nH_2O$、伊利石 $K_2(AlFeMg)_4(SiAl)_8O_{20}(OH)_4 \cdot nH_2O$、高岭土 $Al_4Si_4O_{10}(OH)_8$ 等	
黄铜矿 $CuFeS_2$	0.18	0.02	长石 $KAlSi_3O_8$	5.0
方铅矿 PbS	0.09	0.01	石墨 C、有机碳	0.26
臭葱石 $FeAsO_4 \cdot 2H_2O$	0.09	0.01	其他	1.00
合 计	100	10.97		89.03

考虑到矿石中砷、碳含量较高，常常为浸出的有害杂质，因此对砷、碳进行了物相分析，结果如表4-4和表4-5所示。

表4-4 矿样 As 物相分析

相 别	As 的氧化物	As 的硫化物	全 As
$w(As)/\%$	0.03	0.82	0.85
相对含量/%	3.53	96.47	100.00

从表4-4和表4-5结果可以看出虽然石墨和有机碳质会对选冶作业回收金有一定不利影响，但鉴于其含量较低，且包裹金较少，影响相对小于毒砂，不做重点研究。而毒砂与金的相关性

大，所以认定砷为矿石中有害杂质。

表 4-5 矿样 C 物相分析

相 别	C/碳酸盐	C/有机碳	C/石墨	全碳
w(C)/%	8.55	0.32	0.24	9.41
相对含量/%	94.05	3.40	2.55	100.0

4.3.3 金矿物形态特征

4.3.3.1 自然金的形态特征

通过昆明市冶金研究院、山东招金矿业金翅岭金矿进行金矿形态特征分析，结果表明矿石中金矿物颗粒微细，金矿物形态简单，多为角粒状、浑圆状、长角粒状。自然金呈微粒产出，这是“卡淋型”金矿矿石的主要特性之一。经对贵州兴仁金矿矿石光片、重砂和精矿矿片显微镜观察以及电子探针、扫描电镜探测，均未直接发现显微可见金粒，把这种不被显微镜甚至电子探针发现的，即粒径小于显微镜分辨率的金粒称为“超显微金”。详细结果见表 4-6。

表 4-6 金矿物外形形态测量结果

外形特征	角粒状	浑圆状	长角粒状	麦粒状	合计
相对含量/%	43.6	29.5	21.3	5.6	100.0

4.3.3.2 金矿物的粒度特征

经对贵州兴仁金矿矿石光片研究，该矿石矿物粒度微细，在光片中只见到两粒金，都小于 5μm，说明该矿石中的金矿物都为微细粒金和次显微金。自然金在矿石中基本上是呈两种状态产出：一种是包裹金，主要分布在毒砂和黄铁矿中，其次是石英中；另一种状态，根据自然金的微细特性和黏土矿物具有较强的吸附能力以及金在黏土矿物中电子扫描图像呈均匀分布状态来看，金可能被黏土矿物表面吸附，呈吸附金产出。详细结果见表4-7。

表4-7 金矿物粒度测量分析

粒径区间/mm	>0.01	0.01~0.005	<0.005	合计
相对含量/%	微	4.2	95.8(其中绝大多数为次显微金)	100.0

通过上表可知95.8%的金矿物都小于5μm，其中绝大多数为次显微金，金矿物颗粒极其微细。

4.3.3.3 金矿物赋存状态特征

自然金在矿石中基本上是呈两种状态产出：一种是包裹金，主要分散分布在毒砂和黄铁矿中，其次是石英中；另一种状态，根据自然金的微细特性和黏土矿物具有较强的吸附能力以及金在黏土矿物中电子扫描图像呈均匀分布状态来看，金可能被黏土矿物表面吸附，呈吸附金产出。

选定兴仁金矿矿石中的金元素的平均含量为3.8g/t，通过镜下对光片的系统测定和人工重砂查定分析，鉴定所见金矿物以自然金为主，含少量银金矿，其他的金矿物和含金矿物没有发现。在大量的镜下检测过程中未发现硫化物中金，而单矿物含金分析及选择性溶金试验分析结果表明金与硫化物关系非常密切，硫化物含金为3.24g/t，选择性溶金分析中硫化物含金占金含量的85.2%，这部分金常规镜下难以分辨，大多为次显微金。金主要分布黄铁矿、毒砂，其次是黏土矿物、游离态以及碳酸盐矿物和石英中。分析结果见表4-8。

表4-8 金矿物赋存状态

赋存状态	金含量/$g \cdot t^{-1}$	占有率/%
游离金	0.16	4.10
碳酸盐中金	0.09	2.50
硫化物中金	3.24	85.20
硅酸盐中金	0.31	8.20
合　计		100.0

金矿物于矿石中赋存状态特点是以包裹金形式为主，粒间金和裂隙金次之，其中金矿物于矿石中赋存形态如表4－9所示。

从表4－8和表4－9可以看出，金矿物主要以包裹形式存在，而碳酸盐中金相对较少，主要影响金氰化浸出的为毒砂和黄铁矿包裹，因此该矿石属于难浸出矿石，有必要进行除砷预处理以提高金的氰化浸出效率。

表4－9 金矿物于矿石中赋存形态测量分析结果

<table>
<tr><th>赋存类别</th><th>赋存状态</th><th colspan="2">相对含量/%</th><th>合计</th></tr>
<tr><td rowspan="3">包裹金</td><td>石英黏土矿物包裹金矿物</td><td>14.72</td><td rowspan="3">90.92</td><td rowspan="8">100.00</td></tr>
<tr><td>黄铁矿中包裹金矿物</td><td>31.80</td></tr>
<tr><td>毒砂中包裹金矿物</td><td>44.60</td></tr>
<tr><td rowspan="4">粒间金</td><td>脉石矿物接触粒间嵌布的金矿物</td><td>0.95</td><td rowspan="4">8.66</td></tr>
<tr><td>黄铁矿与脉石矿物接触粒间嵌布的金矿物</td><td>3.77</td></tr>
<tr><td>毒砂与脉石矿物接触粒间嵌布的金矿物</td><td>2.38</td></tr>
<tr><td>毒砂与黄铁矿接触粒间嵌布的金矿物</td><td>1.56</td></tr>
<tr><td>裂隙金</td><td>脉石裂隙中嵌布的金矿物</td><td>0.42</td><td>0.42</td></tr>
</table>

4.3.4 金矿样品基质基本理化性质

通过对分析得到矿样基本理化性质如表4－10所示。

表4－10 供试金矿样品基本理化性质

pH值	有机质/%	速效态 N/mg·kg^{-1}	速效态 P/mg·kg^{-1}	速效态 K/mg·kg^{-1}
7.5	0.62	13.06	34.94	76.29

结果表明，矿样pH值处于蜈蚣草生长最佳pH值范围，蜈蚣草本身喜钙质土，耐贫瘠，因而可以把金矿作为土壤进行蜈蚣草栽培调控。矿样中速效钾含量略低，但是因为矿样中有白云母、长石等含钾矿物，在植物作用下可以加速其风化，从而转变成有效态，因此与钾素的缺乏相比，有机质和速效氮、磷含量偏

低，有补充的必要，因此可以通过施加氮、磷肥料来改善蜈蚣草生长状况。

4.4 讨论

兴仁金矿矿物中，黄铁矿和毒砂的粒度都非常细小，金则以微细粒包裹于其中。矿石中金的嵌布粒度以微细粒为主，小于5μm 的金矿物占 95.8%。矿石中金矿物多以包裹形态存在，其中包裹金占 90.92%，多分布于黄铁矿和毒砂中，但是石英和黏土矿物中也包含有微细粒金，约占总量的 14.72%。而就粒间金来看，也多为黄铁矿和毒砂接触粒间金或者二者与脉石矿物接触粒间金，约占 8.66%，因此矿石中黄铁矿和毒砂成为有害于金浸出的主要组分。金的颗粒大小决定着提取的难度。颗粒较大时只要经简单的磨矿工艺就可以将金与载金矿物或脉石矿物分离，人们通常利用重力原理即用人工淘洗法，回收肉眼可见的粗粒金。而当颗粒细小时，则需要通过一定的浮选措施或者必要的预处理措施来提高金浸出率。

通过查阅矿区可研等资料表明，兴仁金矿对原矿的浮选试验研究表明，该矿石需要细磨，且需采用介质调整剂、活化剂等强化浮选技术，但金的回收率仍然难以提高，一次粗选、一次精选和二次扫选的闭路试验结果，金精矿产率 11.23%，金品位 51.12g/t，金回收率 86.61%，有必要进行除砷预处理，提高金的暴露性，以提高其浸出效率。

4.5 本章小结

通过对四个金矿区金、砷含量分析，选择金、砷含量均较高的贵州兴仁紫木凼金矿作为后续植物除砷的首选目标矿样。通过对兴仁金矿进一步的多元素组成、金矿物粒度与嵌布特征等分析，发现兴仁金矿为热液蚀变型，矿区内主要蚀变类型有黄铁矿化、白铁矿化、毒砂化、雄黄化、方解石化、白云石化、硅化等。金矿物颗粒极其微细，有 90.92% 的金矿物处于包裹之中，其中大多数存在于微细粒的黄铁矿和毒砂包裹之中。矿石中金属矿物组成较为复杂，本次鉴定中所见金属矿物为：黄铁、毒砂、闪锌矿、黄铜矿、方铅矿、辉锑矿、自然锑、黝铜矿、赤铁矿、褐铁矿、臭葱石、铜蓝、辉铜矿及贵金属矿物等，其中以毒砂和黄铁矿为主，二者占矿物相对含量的8.34%，占金属矿物总量的76.04%，含有少量的赤铁矿、褐铁矿和辉锑矿。

综上所述，兴仁含砷金矿直接氰化浸出率极低，属于难浸金矿石，有必要进行植物除砷预处理，而通过基本理化性质分析，该矿样适合蜈蚣草的生长，因此有必要进行室内蜈蚣草栽培调控实验，以提高其除砷效率，提高金的浸出效率。

5 淋洗剂对含砷金矿 As 淋洗活化效果

5.1 引言

在自然界，砷元素可以以许多不同形态的化合物存在，在空气、土壤、沉积物和水中发现的主要砷化物有 As_2O_3 或亚砷酸盐（As^{3+}）、砷酸盐（As^{5+}）、一甲基砷酸（MMAA）和二甲基砷酸（DMAA），在海产品中则主要以砷甜菜碱（AsB）和砷胆碱（AsC）形式存在。毒性大小顺序依次为 As（Ⅲ）> As（Ⅴ）> As_2O_3 > MMAA > DMAA > AsC > AsB。

在环境中，砷的转化、迁移和毒性在很大程度上受砷存在的化学形态的影响。砷在土壤中以无机态为主，在氧化条件下砷酸盐是其主要成分，它主要以水溶态砷、交换态砷和固定态砷三种形态存在于土壤中，其中水溶态砷、交换态砷为土壤活性砷，它们的有效性相对较高，易被植物吸收，但是砷酸盐在酸性土壤中容易被铁、铝等氧化物固定形成固定态砷（如钙型砷、铁型砷、铝型砷）则不易被生物吸收，毒性较低。在还原条件下亚砷酸盐是主要形态，而亚砷酸盐在土壤中的溶解度较高，毒性也较强。

由于砷元素这种特殊的化学特性使得其在吸附、解析、浸提活化和化学转化过程中的考虑因素要比一般的重金属复杂。吸附和解吸作用是影响土壤中含砷化合物的迁移、残留和生物有效性的主要过程。土壤质地、矿物成分的性质、pH 值、氧化还原电位（E_h）、阳离子交换量（CEC）、阴离子交换量（AEC）和竞争离子的性质都会影响到吸附过程及砷的形态分布；其中土壤的矿物成分和 pH 值是两个最重要的因子，而且这两个因子常联合起作用。

周娟娟等研究结果证实了磷和砷在土壤中存在竞争吸附的关系，提高溶液磷浓度能够减少土壤对砷的吸持能力，并增加砷从土壤中的解吸量。根际土壤中，磷砷共存下根分泌物中有机酸比单一加砷时多。根系分泌物主要通过竞争吸附、酸化溶解、还原作用和螯合作用活化土壤中的 Al-As，Fe-As，从而减少 Al-As，Fe-As，增加 Ca-As。

不同理化性质的土壤对砷的固定能力差异悬殊，因而砷在土壤中的形态及其比例也大不相同。相同含量的砷在不同土壤中的生物有效性和毒性可能有很大差异。在矿样中也存在同样的问题。矿样中砷的移动性很大程度上取决于其存在形态，并决定了其生物有效性。用金矿进行植物除砷其前提也要提高矿样中砷的植物有效性，以促进砷被植物吸收而去除。金矿中砷形态及其生物有效性是评估含砷金矿砷提取去除效率的重要参数。因此本章重点研究矿样中砷的形态及其对于植物的有效性问题，以及如何活化金矿的砷，提高其生物有效性，为调控蜈蚣草去除金矿的砷奠定基础。

本章利用低分子有机酸（柠檬酸和丁二酸）、螯合剂 EDTA-Na_2 和部分肥料等 7 种试剂各三个浓度进行金矿振荡淋洗实验，从不同淋洗剂淋洗作用下金矿砷形态差异研究着手，探求不同淋洗剂对于金矿砷活化效应的关系与机理，为植物除砷预处理调控提供依据。

5.2 材料与方法

5.2.1 供试材料

供试矿样采自贵州省兴仁金矿，矿样已经细磨至 -200 目占 80% 以上，其 pH 值 7.5 左右，钙含量偏高，其基本理化性质与石灰性土壤相近，可以参照武斌对于石灰性土壤砷形态分析方法进行不同形态砷含量分析。

5.2.2 金矿样品砷形态分析

依据武斌的形态划分方法，金矿中砷存在形态可以分为以下五种：离子态（ion）、结合态（铝结合态（Al－As）、铁结合态（Fe－As）、钙结合态（Ca－As））和残渣态（Res.）。鉴于所选金矿样品中碳酸钙、碳酸镁含量较高，磨矿粒度较细，因此参照石灰性土壤砷分级提取方法进行砷形态分析。具体操作即以液固比 20∶1 依次加入不同提取剂进行砷形态提取，把各形态砷依次提取到滤液中，其具体分级提取程序如图 5－1 所示。

各分级滤液砷含量测定采用氢化物发生－原子吸收光谱法测定，其中原子吸收光谱仪为美国 Varian AA240FS 型，氢化物发生器购自北京翰时制作所（WHG－103 型）。分析中所用试剂均为优级纯，样品分析过程中分别采用空白及加标回收的方法进行分析质量控制，元素的加标回收率在 92%～99% 之间，符合元素质量分数分析质量控制要求。每种处理 3 个重复。砷标准溶液购自国家标准物质研究中心。

上述方法每次过滤出的滤液，装入白色小塑料瓶中，编号待测。

离心管中最后的残渣态砷，完全转移至锥形瓶中后，分别加入 15mL 的 HNO_3、5mL 的 HF 和 1mL 的 $HClO_4$，静置过夜，次日上电热板消化，方法同土壤消解。矿样的消化比较困难，所以耗时较长，整个过程大约需要 20h 左右才可以消化完全，同时随时补充各种酸。待矿样完全消化后，冷却，定容至 50mL 容量瓶中，随后转移至白色小塑料瓶中编号待测。

5.2.3 淋洗试验设计

淋洗试验：选择 EDTA-Na_2、磷酸二氢铵、亚硫酸氢钠、碳酸氢钠、硝酸铵、柠檬酸和丁二酸共七种淋洗剂各三个浓度梯度进行金矿样品淋洗试验，并且以蒸馏水淋洗活化作为对照，淋洗试验每次取矿样 1.5g，采用离心管以液固比 20∶1 进行室温下

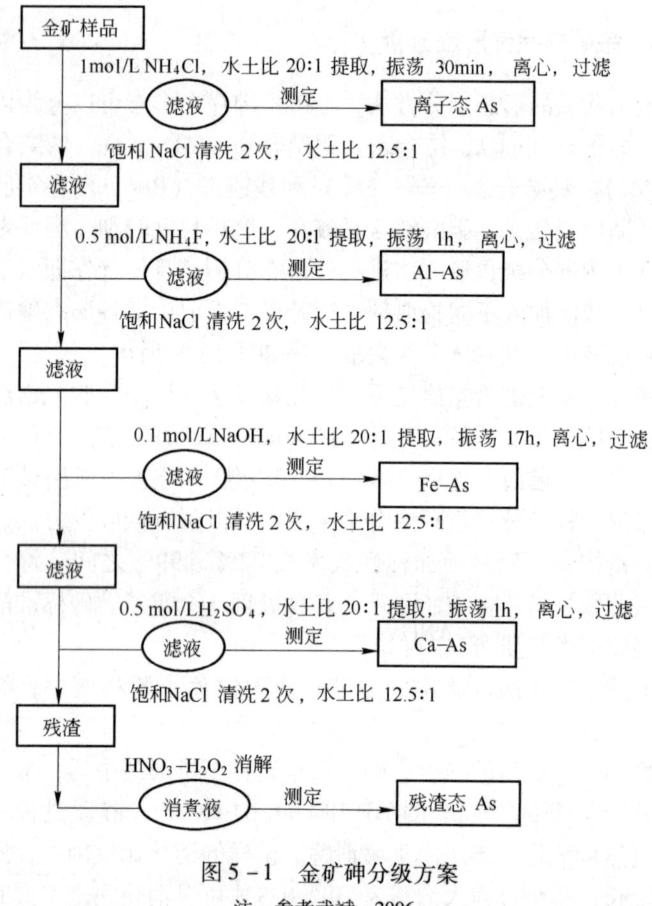

图 5－1 金矿砷分级方案

注：参考武斌，2006。

振荡（振荡速度 150r/min），利用淋洗剂分别振荡淋洗 1h、3h 和 20h 之后，离心（3000r/min，10min），过滤。滤液用氢化物发生－原子吸收光谱法测定浸提液砷含量。此部分砷为淋洗剂对金矿砷的溶解部分，也是植物有效态部分。为防止有机物加入过多影响后续金的浸出，因此本试验中选用的有机淋洗剂 EDTA－Na_2、柠檬酸和丁二酸浓度控制较低，研究所选用各淋洗剂浓度如表 5－1 所示，同时利用去离子水振荡淋洗作为对照 CK。

表 5-1 各淋洗剂浓度设置 (mol/L)

淋洗剂	CK	EDTA-Na_2	$NH_4H_2PO_4$	$NaHSO_3$	$NaHCO_3$	NH_4NO_3	$C_6H_8O_7$	丁二酸
低浓度	蒸馏水	0.001	0.01	0.01	0.05	0.05	0.001	0.001
中浓度		0.005	0.05	0.05	0.1	0.1	0.005	0.005
高浓度		0.01	0.1	0.1	0.2	0.2	0.01	0.01

5.2.4 淋洗后矿样砷形态分析

在上述淋洗实验之后，对于淋洗后矿渣继续以液固比 20∶1 加入不同试剂进行砷形态分析实验，其具体分析程序如图 5-1 所示。分级滤液砷含量测定方法同前。

5.2.5 数据处理

实验结果处理及统计分析采用 SPSS17.0 统计分析软件进行方差分析（One-Way ANOVA），显著性水平 P 取 0.05；实验作图采用 Excel 2003 进行。

5.3 实验结果

5.3.1 金矿样品中砷形态分析

重金属的植物有效性是指重金属能对植物产生毒性效应或被植物吸收的性质，与重金属在土壤中的存在形态有关。不同形态的砷处于动态平衡中，决定着重金属的迁移、活性和生物有效性。通过采用上述连续提取方法分析金矿砷形态含量如表 5-2 所示。

表 5-2 金矿不同形态砷含量 (mg/kg)

水溶态	离子态	Al-As 结合态	Fe-As 结合态	Ca-As 结合态	残渣态 Res.
0.035 ± 0.007	3.86 ± 1.85	449.63 ± 4.76	132.12 ± 6.67	949.43 ± 65.47	6964.93 ± 65.42

从表 5－2 可以看出，金矿砷有效性非常低，其中速效态砷含量（水溶态和离子态之和）不足 4mg/kg，约占金矿总砷含量的万分之五。金矿 pH 值 7.5 左右，且含有大量方解石、菱镁矿及铝硅酸盐黏土矿物，因此结合态砷以 Ca-As 为主，其次为 Al-As 结合态，含量最少的是 Fe-As 结合态。结合态有释放砷的可能性，可以通过调控转变为植物有效态，而残渣态含量巨大，占 81.94%，有进一步寻找活化方法促进其活化为植物有效态的必要。选定的贵州兴仁金矿为原矿，通过前述矿物 XRD 砷形态分析表明，其硫化物含量高，氧化态较低，因此残渣态的砷主要以毒砂、雌黄、雄黄等形式存在。在自然过程作用下这些矿物风化较慢，因此需要植物根系和人工添加试剂等促进其转变为有效态。

5.3.2 金矿样品中淋洗活化砷形态分析

5.3.2.1 振荡 1h 淋洗效果分析

通过对原矿样品直接进行振荡淋洗，对淋洗后的矿样测定其不同形态砷含量，以期找出对于金矿砷活化有效的调控剂。实验结果如图 5－2 所示。选用淋洗剂分别为 EDTA－Na_2、磷酸二氢铵、亚硫酸氢钠、碳酸氢钠、硝酸铵、柠檬酸和丁二酸七种不同试剂，各设三个浓度梯度进行振荡淋洗（淋洗液浓度由低到高如表 5－1 所示）。各淋洗剂振荡处理后不同形态砷含量如图 5－2 所示。

由实验结果可以看出，对照原矿矿样的不同分级方法测定的离子态 As、结合态 As（包括 Al－As、Fe－As 和 Ca－As）占总 As 比例都很少，总计不超过 20%，残渣态砷含量极高，说明含砷金矿中砷有效性较低。而利用不同活化剂振荡之后对砷有效性有一定提高，主要表现在对淋洗可溶态和离子态砷的含量有明显提高，对 Al、Fe、Ca 结合态砷也有不同程度的影响。从速效态砷含量（即淋洗液可溶态和离子态之和）来看，除硝酸铵外，各淋洗剂处理均有所增加，以柠檬酸、磷酸二氢铵和亚硫酸氢钠处理效果较好。

在振荡 1h 情况下，亚硫酸氢钠、碳酸氢钠和柠檬酸对于可溶态砷提高要比离子态提高更加明显，即淋洗剂可溶态砷含量比后续离子态砷含量高，说明这几种试剂可以快速与金矿中砷化合物发生反应，置换出砷酸根进入可溶态。在各试剂淋洗出淋洗可

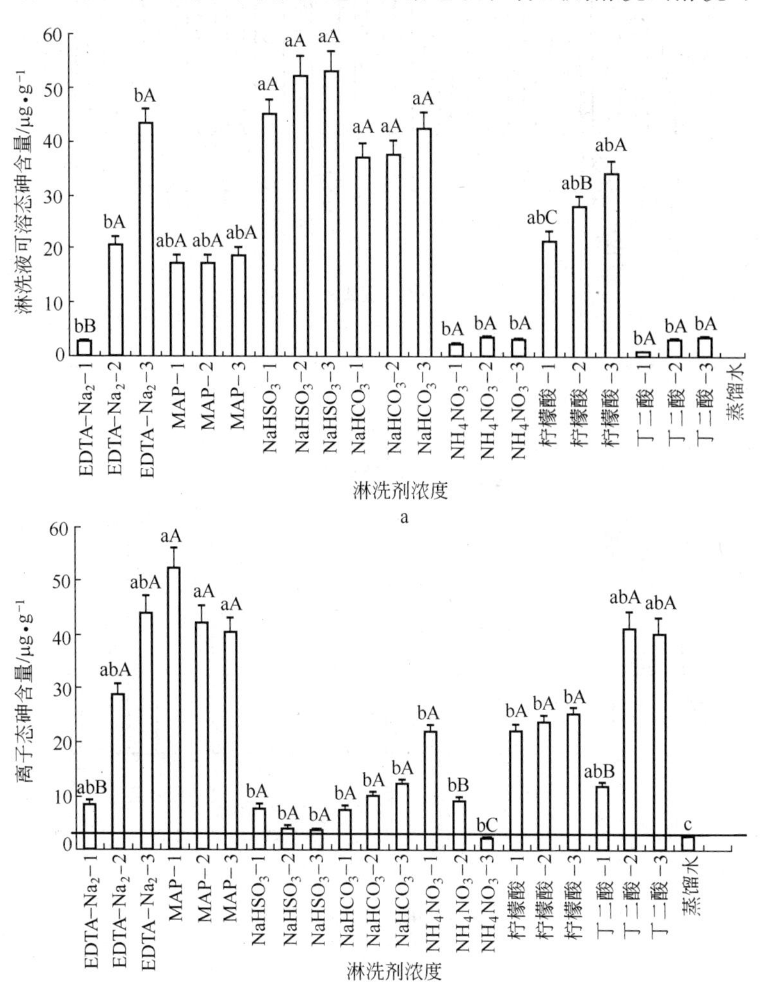

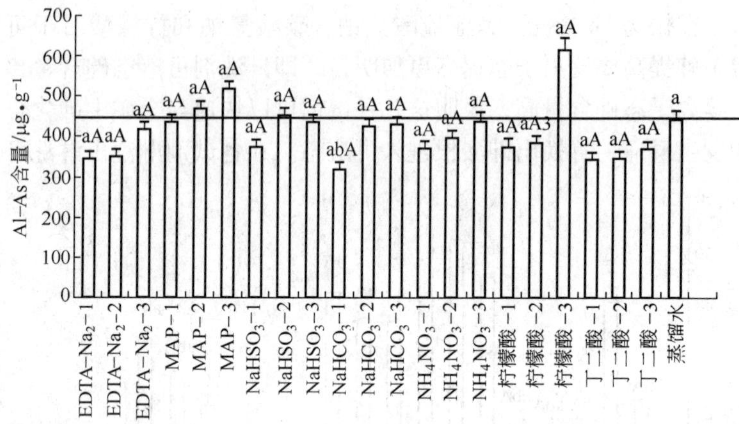
700
600
500
400
300
200
100
0
Al–As含量/μg·g⁻¹
aAaA
aA
aA
aA
aA
aA
aA
aA
abA
aA
aA
aA
aA
aA
aAaA3
aA
aA
aA
aA
a
EDTA–Na₂–1
EDTA–Na₂–2
EDTA–Na₂–3
MAP–1
MAP–2
MAP–3
NaHSO₃–1
NaHSO₃–2
NaHSO₃–3
NaHCO₃–1
NaHCO₃–2
NaHCO₃–3
NH₄NO₃–1
NH₄NO₃–2
NH₄NO₃–3
柠檬酸–1
柠檬酸–2
柠檬酸–3
丁二酸–1
丁二酸–2
丁二酸–3
蒸馏水
淋洗剂浓度

c

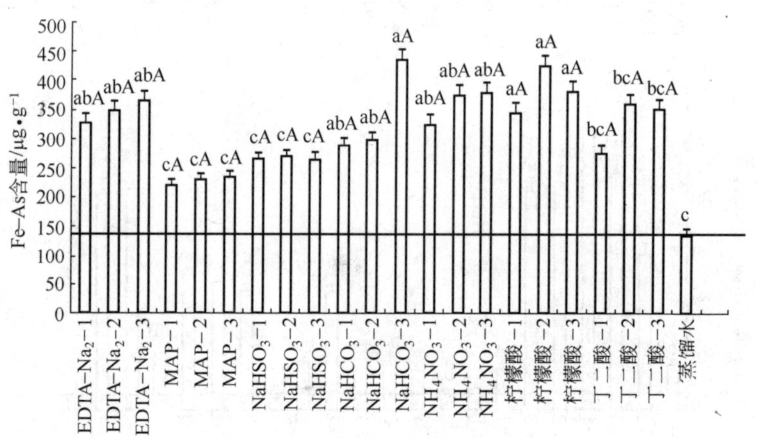
500
450
400
350
300
250
200
150
100
50
0
Fe–As含量/μg·g⁻¹
abA
abA
abA
cA
cA
cA
cA
cA
cA
abA
abA
aA
abA
abA
abA
aA
aA
aA
bcA
bcA
bcA
c
EDTA–Na₂–1
EDTA–Na₂–2
EDTA–Na₂–3
MAP–1
MAP–2
MAP–3
NaHSO₃–1
NaHSO₃–2
NaHSO₃–3
NaHCO₃–1
NaHCO₃–2
NaHCO₃–3
NH₄NO₃–1
NH₄NO₃–2
NH₄NO₃–3
柠檬酸–1
柠檬酸–2
柠檬酸–3
丁二酸–1
丁二酸–2
丁二酸–3
蒸馏水
淋洗剂浓度

d

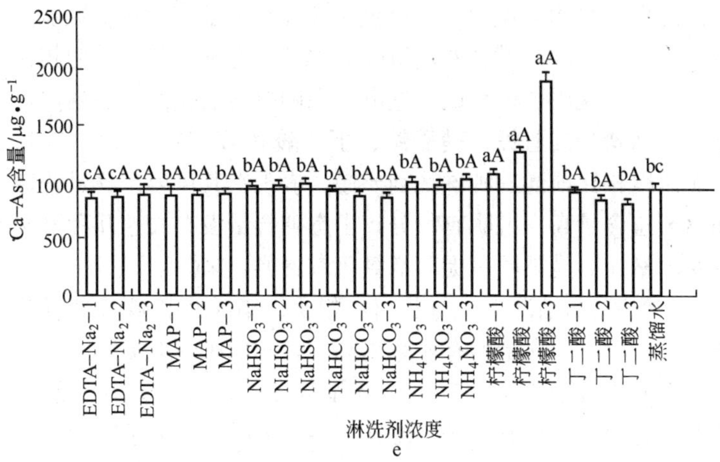

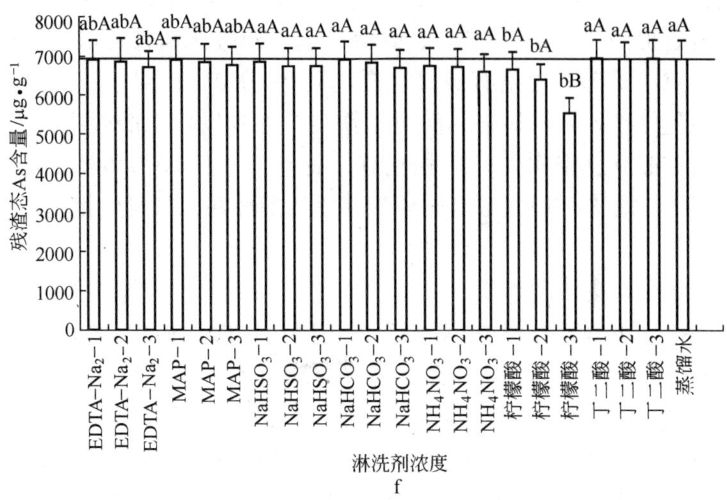

图 5-2 不同试剂振荡淋洗 1h 金矿矿样中不同形态砷含量（$n=3$）

a—淋洗剂可溶态；b—离子态；c—Al-As 结合态；d—Fe-As 结合态；

e—Ca-As 结合态；f—残渣态

注：试剂编号尾数 -1，-2，-3 分别表示对应的低中高浓度，具体浓度值见表 5-1。小写字母相同表示不同试剂之间没有显著差异；小写字母不同表示不同试剂之间有显著差异；大写字母相同表示同种试剂不同浓度之间没有显著差异；大写字母不同表示同种试剂不同浓度之间有显著差异。

溶态之后，再用武斌的方法以氯化铵提取离子态含量，亚硫酸氢钠、碳酸氢钠和柠檬酸淋洗后的矿样离子态砷含量与对照相比增加不明显，说明这三种试剂把离子态砷提前活化淋洗成淋洗可溶态了。而磷酸二氢铵、硝酸铵、丁二酸和 EDTA - Na_2 与矿物砷反应速度相比前述三种淋洗剂要慢，表现在其可溶态含量普遍不如离子态含量高，说明有部分离子态砷含量没有被这几种淋洗剂置换出来，而是被顺序提取剂氯化铵置换出来。

在振荡 1h 情况下，与蒸馏水相比，硝酸铵和磷酸二氢铵对于淋洗可溶态砷含量均有显著提高（$P=0.012<0.05$），其他试剂对于淋洗可溶态含量有极显著提高（$P<0.01$）。各试剂对于其他形态砷含量影响无显著差异。各试剂淋洗下离子态砷均有不同程度提高，其中磷酸二氢铵（$P=0.027<0.05$）与对照相比有显著提高，而 EDTA-Na_2、碳酸氢钠、硝酸铵和柠檬酸与对照相比对离子态砷含量有极显著提高（$P<0.01$）。对于铝结合态砷各种处理差异不显著，而对于铁结合态砷以柠檬酸效果最好，其与对照（蒸馏水处理）相比有显著差异（$P=0.046<0.05$），对于钙结合态砷以高浓度柠檬酸处理效果最好，与对照相比有极显著差异（$P=0.0015<0.01$）。

除中、高浓度磷酸二氢铵（MAP）和高浓度柠檬酸作用下，Al-As 结合态砷含量均比对照有所下降，说明原矿中的 Al-As 更容易被试剂活化而转化成速效态（可溶态或者离子态）。中、高浓度 MAP 和柠檬酸处理下 Al-As 含量仍然高于对照，表明其可能参与了更多的反应，把 Fe-As、Ca-As 或残渣态 As 一级一级向上溶解转化，增加了砷的有效性。

对于 Fe-As 形态含量，各处理均比对照有所增加，说明各试剂均有把 Ca-As 向 Fe-As 转化的趋势。MAP 则把更多的 Ca-As 转化为 Fe-As 和 Al-As，可能存在着 NH_4^+、Al^{3+}、Fe^{3+} 离子之间的氧化还原反应。

从 Ca-As 形态含量来看，与对照相比，只有亚硫酸氢钠、硝酸铵和柠檬酸处理下，Ca-As 结合态含量有所增加，其中只有高浓度柠檬酸与对照相比达到显著差异（$P=0.041<0.05$），说明柠檬酸有把残渣态砷化合物如毒砂、雌黄、雄黄转变为Ca-As的可能，而一旦活化到结合态砷酸盐的状态，则进一步活化要比从残渣态活化容易得多。

从残渣态含量上看，各试剂淋洗后，残渣态含量均有所下降，下降最明显的是柠檬酸处理组，其中高浓度柠檬酸处理下，残渣态砷含量下降16%左右，柠檬酸处理与对照相比有显著差异（$P=0.034<0.05$）。

从图5-2中还可以看出，磷酸二氢铵和硝酸铵处理下淋洗剂可溶态砷含量随着淋洗剂浓度增加而逐渐增加，但是离子态砷含量却随着淋洗剂浓度提高逐渐减少。这可能由于其NH_4^+取代氯化铵的作用，在第一步淋洗振荡过程中提前把原矿中的离子态砷溶解到淋洗剂可溶态中，使得在接下来的离子态浸提中氯化铵没能够浸提出更多的离子态砷。

除磷酸二氢铵和硝酸铵处理下离子态砷含量随着淋洗剂浓度提高逐渐减少外，其余形态砷含量随着淋洗剂浓度提高均有增加的趋势，表明对于偏微碱性的原矿而言，加入强酸或者弱酸均有助于砷的化合物的转化，促进其从不溶态向可溶态转化，从强结合态向弱结合态转化，逐渐一级一级向速效态砷转化。

5.3.2.2 振荡3h淋洗效果分析

振荡3h后砷形态分级提取数据如图5-3所示。

由图5-3可以看出，利用不同活化剂振荡3h之后对砷的有效性有一定提高，主要表现在对淋洗可溶态含量有明显提高，但是对离子态砷、Al、Fe、Ca结合态砷含量则不同淋洗剂有不同的影响。从速效态砷含量（即淋洗液可溶态和离子态之和）来看，除硝酸铵外，各淋洗剂处理均有所增加，且随着淋洗剂浓度提高速效态砷含量有逐渐增加的趋势。各处理下可溶态含量增加都与对照达到显著或极显著差异水平。

对于Al-As结合态来说，随着各淋洗剂浓度的提高，Al-As结

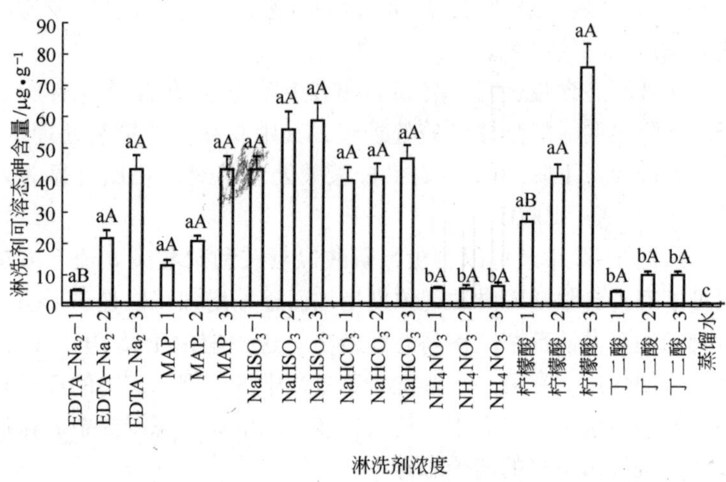
淋洗剂可溶态砷含量/μg·g⁻¹
0
10
20
30
40
50
60
70
80
90
aB
aA
aA
aA
aA
aA
aA
aA
aA
aA
aA
aA
bA
bA
bA
aB
aA
aA
bA
bA
bA
c
EDTA-Na₂-1
EDTA-Na₂-2
EDTA-Na₂-3
MAP-1
MAP-2
MAP-3
NaHSO₃-1
NaHSO₃-2
NaHSO₃-3
NaHCO₃-1
NaHCO₃-2
NaHCO₃-3
NH₄NO₃-1
NH₄NO₃-2
NH₄NO₃-3
柠檬酸-1
柠檬酸-2
柠檬酸-3
丁二酸-1
丁二酸-2
丁二酸-3
蒸馏水
淋洗剂浓度

a

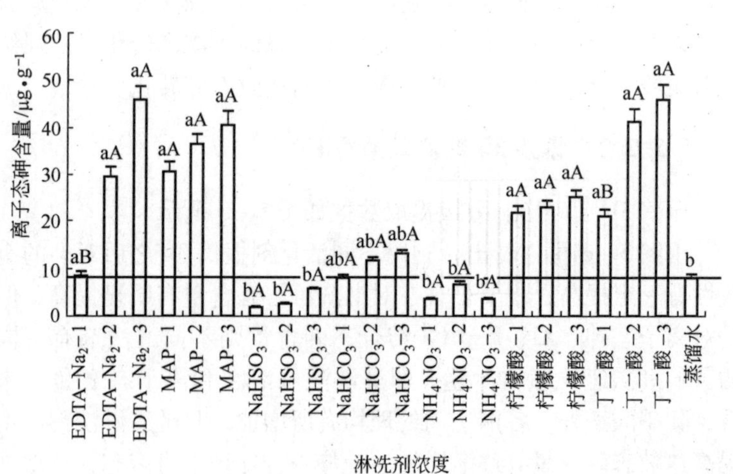
离子态砷含量/μg·g⁻¹
0
10
20
30
40
50
60
aB
aA
aA
aA
aA
aA
bA
bA
bA
abA
abA
abA
bA
bA
bA
aA
aA
aA
aB
aA
aA
b
EDTA-Na₂-1
EDTA-Na₂-2
EDTA-Na₂-3
MAP-1
MAP-2
MAP-3
NaHSO₃-1
NaHSO₃-2
NaHSO₃-3
NaHCO₃-1
NaHCO₃-2
NaHCO₃-3
NH₄NO₃-1
NH₄NO₃-2
NH₄NO₃-3
柠檬酸-1
柠檬酸-2
柠檬酸-3
丁二酸-1
丁二酸-2
丁二酸-3
蒸馏水
淋洗剂浓度

b

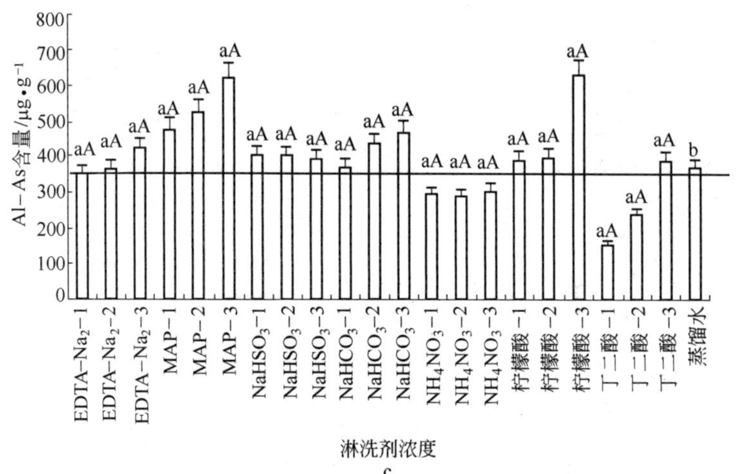
Al-As含量/μg·g⁻¹
淋洗剂浓度
EDTA-Na₂-1
EDTA-Na₂-2
EDTA-Na₂-3
MAP-1
MAP-2
MAP-3
NaHSO₃-1
NaHSO₃-2
NaHSO₃-3
NaHCO₃-1
NaHCO₃-2
NaHCO₃-3
NH₄NO₃-1
NH₄NO₃-2
NH₄NO₃-3
柠檬酸-1
柠檬酸-2
柠檬酸-3
丁二酸-1
丁二酸-2
丁二酸-3
蒸馏水

c

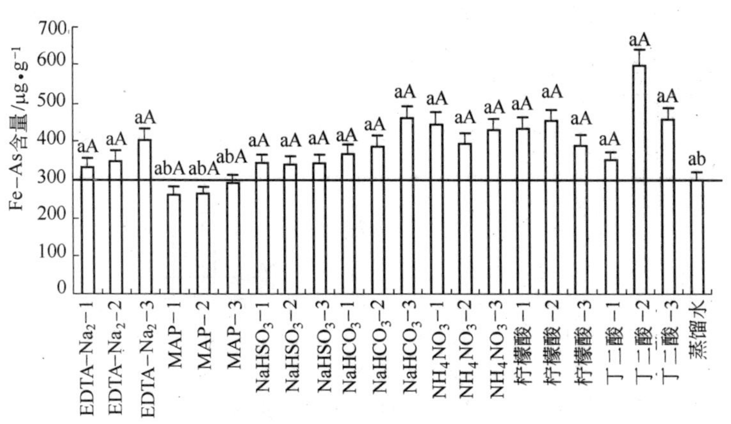
Fe-As含量/μg·g⁻¹
淋洗剂浓度
EDTA-Na₂-1
EDTA-Na₂-2
EDTA-Na₂-3
MAP-1
MAP-2
MAP-3
NaHSO₃-1
NaHSO₃-2
NaHSO₃-3
NaHCO₃-1
NaHCO₃-2
NaHCO₃-3
NH₄NO₃-1
NH₄NO₃-2
NH₄NO₃-3
柠檬酸-1
柠檬酸-2
柠檬酸-3
丁二酸-1
丁二酸-2
丁二酸-3
蒸馏水

d

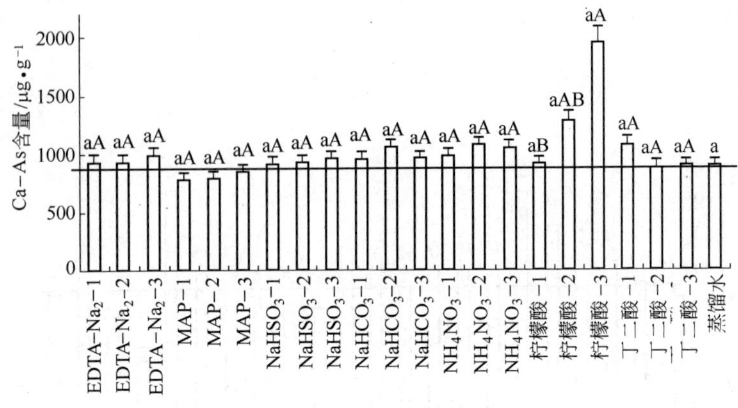

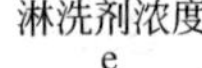

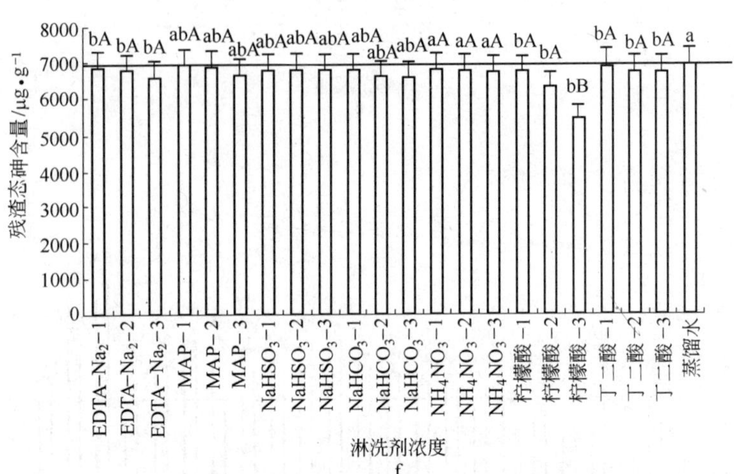

图 5-3　不同试剂振荡淋洗 3h 金矿矿样中不同形态砷含量（$n=3$）

a—淋洗剂可溶态；b—离子态；c—Al-As 结合态；d—Fe-As 结合态；e—Ca-As 结合态；f—残渣态

注：试剂编号尾数 -1，-2，-3 分别表示对应的低中高浓度，具体浓度值见表 5-1。统计分析字母标注同图 5-2。

合态含量有增加趋势。并且所有高浓度淋洗剂处理都使其比对照有所增加，而就低中浓度而言，硝酸铵、丁二酸和 EDTA-Na_2 淋洗下，Al-As 形态含量略有降低，表明这几种试剂最先将 Al-As 转化为离子态或者可溶态砷。其中高浓度磷酸二氢铵（$P=0.032<0.05$）和柠檬酸（$P=0.025<0.05$）处理下 Al-As 结合态与对照相比有显著增加，说明二者可以和 Fe-As、Ca-As 或者残渣态砷发生反应，促进砷的活化。

就 Fe-As 结合态来看，除磷酸二氢铵和亚硫酸氢钠外，各试剂淋洗后矿样 Fe-As 结合态含量均有不同程度增加，其中以柠檬酸、丁二酸和 EDTA-Na_2 增加较多，说明磷酸二氢铵和亚硫酸氢钠更易于与 Fe-As 发生反应，促进其转化为 Al-As，而柠檬酸、丁二酸和 EDTA-Na_2 则可以和 Ca-As 或者残渣态砷发生反应，促进砷活化为 Fe-As、Al-As。

从 Ca-As 结合态数据来看，中高浓度柠檬酸对于 Ca-As 含量有显著增加，其余处理与对照均无显著差异，表明除柠檬酸外，各淋洗剂在 3h 内不能把残渣态砷转化为 Ca-As 结合态。

从残渣态砷含量来看，通过 3h 振荡提取，各处理下，残渣态含量均比对照有所下降，但是只有柠檬酸达到显著差异水平（$P=0.0459<0.05$），说明柠檬酸是本试验条件下筛选出的最好活化剂。

5.3.2.3 振荡 20h 淋洗效果分析

振荡 20h 后砷形态分级提取数据如图 5－4 所示。

振荡淋洗 20h 后，从淋洗液可溶态来看，EDTA-Na_2、磷酸二氢铵、亚硫酸氢钠和柠檬酸均比对照有显著增加（$P=0.021$，0.039，0.03，$0.019<0.05$），而从离子态含量来看，所有处理均与对照无明显差异。利用柠檬酸处理下的 Ca-As 与对照相比有显著增加（$P=0.039<0.05$），而残渣态砷则有明显降低（$P=0.035<0.05$）。而其他处理没有显著差异。由图 5－4 结果和方差分析结果可以看出，在振荡淋洗 20h 情况下，柠檬酸对于金矿砷的活化效果最好。

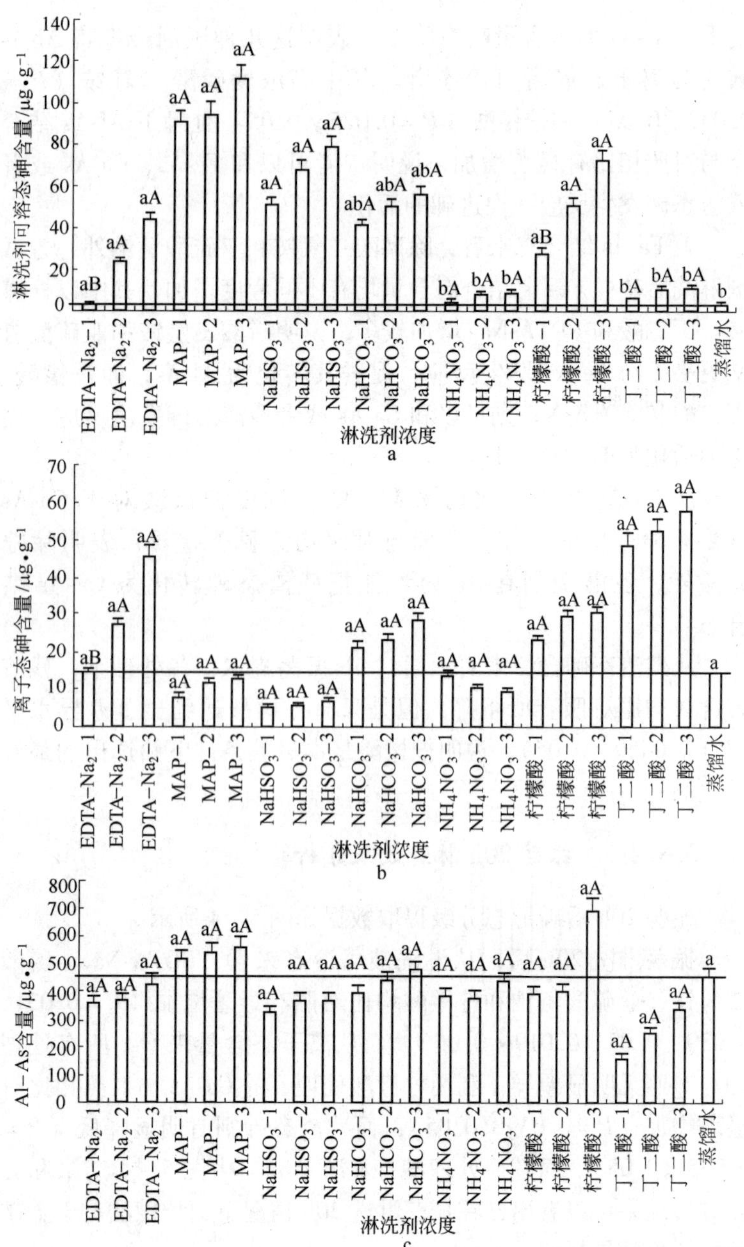
淋洗剂可溶态砷含量/μg·g⁻¹
0
20
40
60
80
100
120
140
EDTA-Na$_2$-1
EDTA-Na$_2$-2
EDTA-Na$_2$-3
MAP-1
MAP-2
MAP-3
NaHSO$_3$-1
NaHSO$_3$-2
NaHSO$_3$-3
NaHCO$_3$-1
NaHCO$_3$-2
NaHCO$_3$-3
NH$_4$NO$_3$-1
NH$_4$NO$_3$-2
NH$_4$NO$_3$-3
柠檬酸-1
柠檬酸-2
柠檬酸-3
丁二酸-1
丁二酸-2
丁二酸-3
蒸馏水
淋洗剂浓度
a
离子态砷含量/μg·g⁻¹
0
10
20
30
40
50
60
70
淋洗剂浓度
b
Al-As含量/μg·g⁻¹
0
100
200
300
400
500
600
700
800
淋洗剂浓度
c

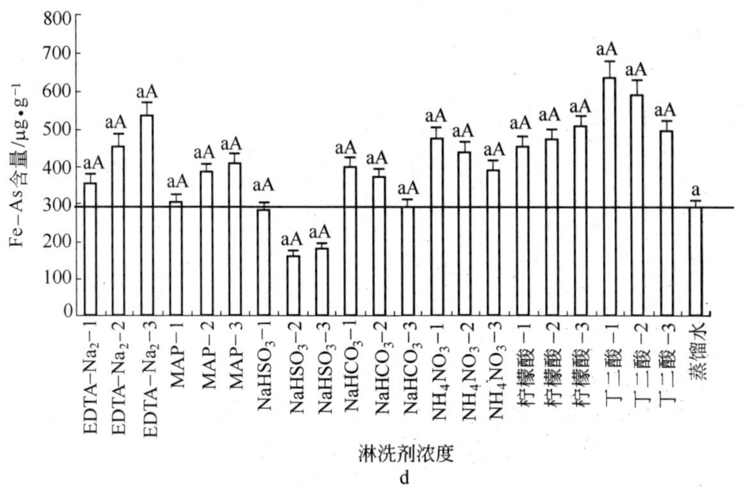
Fe-As含量/μg·g⁻¹
800
700
600
500
400
300
200
100
0
aA
a
EDTA-Na₂-1
EDTA-Na₂-2
EDTA-Na₂-3
MAP-1
MAP-2
MAP-3
NaHSO₃-1
NaHSO₃-2
NaHSO₃-3
NaHCO₃-1
NaHCO₃-2
NaHCO₃-3
NH₄NO₃-1
NH₄NO₃-2
NH₄NO₃-3
柠檬酸-1
柠檬酸-2
柠檬酸-3
丁二酸-1
丁二酸-2
丁二酸-3
蒸馏水
淋洗剂浓度
d

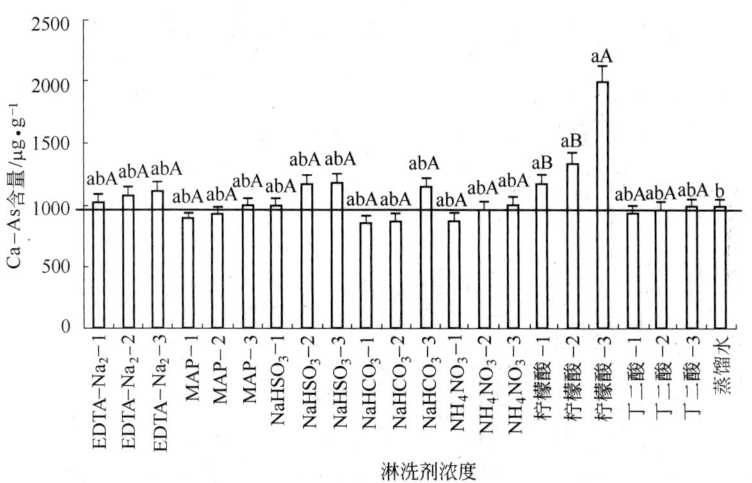
Ca-As含量/μg·g⁻¹
2500
2000
1500
1000
500
0
abA
aB
aA
b
EDTA-Na₂-1
EDTA-Na₂-2
EDTA-Na₂-3
MAP-1
MAP-2
MAP-3
NaHSO₃-1
NaHSO₃-2
NaHSO₃-3
NaHCO₃-1
NaHCO₃-2
NaHCO₃-3
NH₄NO₃-1
NH₄NO₃-2
NH₄NO₃-3
柠檬酸-1
柠檬酸-2
柠檬酸-3
丁二酸-1
丁二酸-2
丁二酸-3
蒸馏水
淋洗剂浓度
e

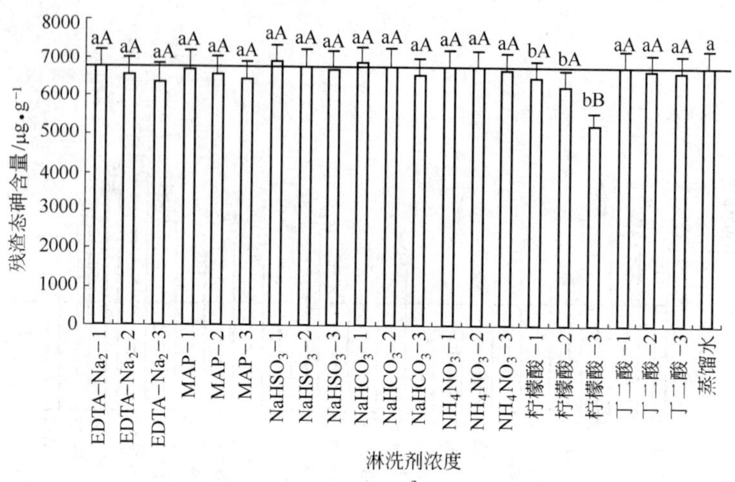

图 5-4 不同试剂振荡淋洗 20h 金矿矿样中不同形态砷含量（$n=3$）

a—淋洗液可溶态；b—离子态；c—Al-As 结合态；d—Fe-As 结合态；
e—Ca-As 结合态；f—残渣态

注：试剂编号的尾数 -1，-2，-3 分别表示对应的低中高浓度，具体浓度值见表 5-1。统计分析字母标注同图 5-2。

5.3.2.4 振荡时间对金矿砷的活化效果分析

各淋洗处理下振荡不同时间后矿样速效态砷含量（即淋洗液可溶态与离子态之和）结果如图 5-5 所示。

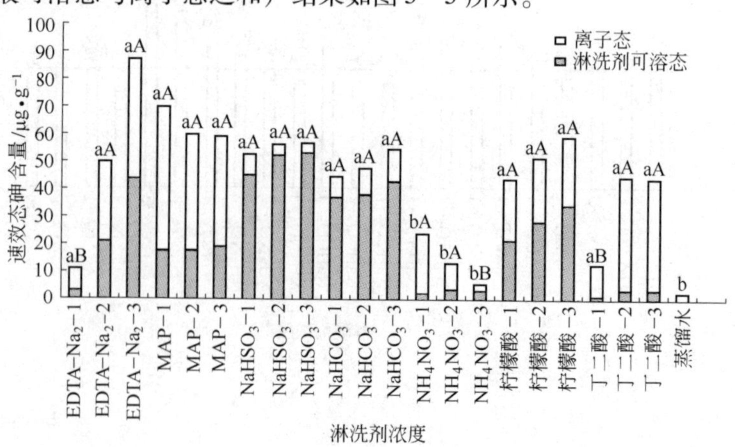

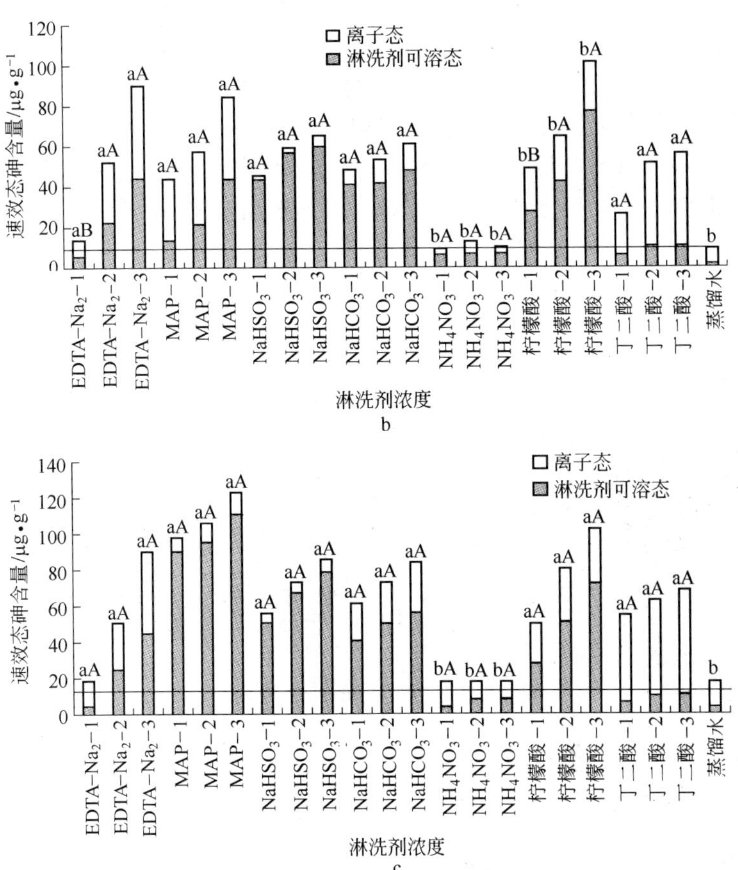

图 5－5 不同浓度淋洗剂振荡不同时间后速效态砷含量提取结果（$n=3$）

a—振荡 1h；b—振荡 3h；c—振荡 20h

注：试剂编号的尾数－1，－2，－3 分别表示对应的低中高浓度，具体浓度值见表 5－1。统计分析字母标注同图 5－2。

从图 5－5 可以看出，在振荡 1h 下，虽然各试剂淋洗下淋洗剂可溶态砷含量与对照相比有显著提高，但是因为离子态砷含量差别较小，所以速效态砷含量均与对照无明显差异；在振荡淋洗 3h 下，除硝酸铵外，各试剂淋洗下速效态砷含量均比对照有显著增加，并且随着振荡时间延长有逐渐增加的趋势；在淋洗 20h 下只有 EDTA - Na_2 与对照仍然保持显著差异水平（$P = 0.044 < 0.05$）。可见在振荡 3h 下，所选用淋洗剂可以达到较好的效果，从节能的角度考虑，振荡活化可以在 3h 左右完成。

结合态砷包括 Al-As、Fe-As 和 Ca-As 结合态，各淋洗处理下振荡不同时间后矿样结合态砷含量结果如图 5 -6 所示。

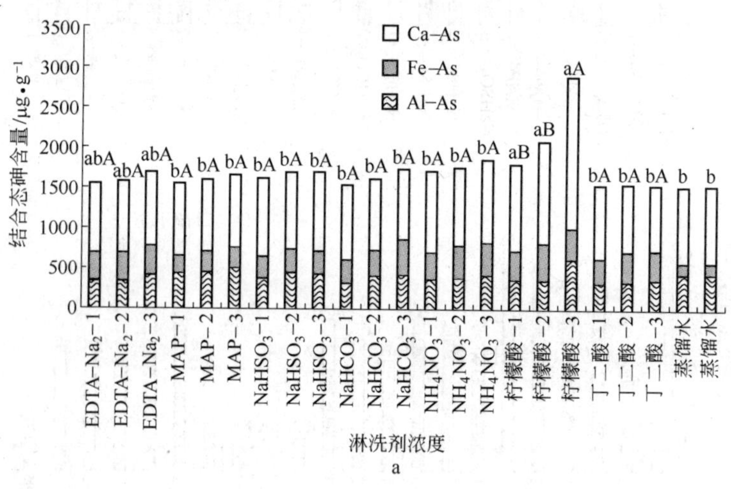

a

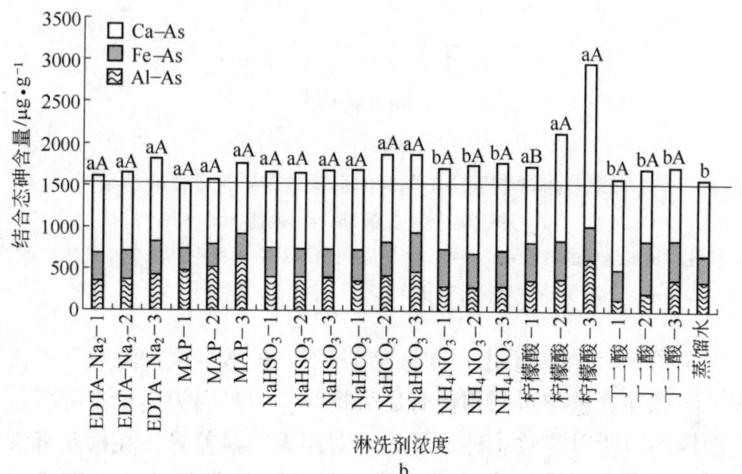

b

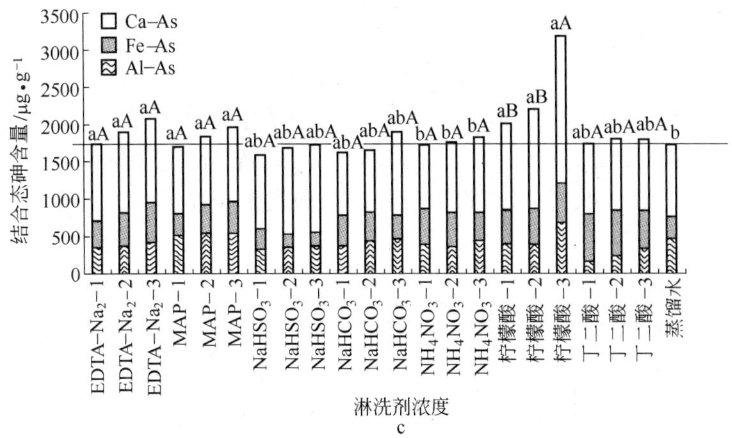

图 5－6　不同浓度淋洗剂振荡不同时间后结合态砷含量提取结果（$n=3$）

a—振荡 1h；b—振荡 3h；c—振荡 20h

注：试剂编号的尾数－1，－2，－3 依次代表对应试剂的低、中、高浓度，具体浓度值见表 5－1。统计标注的字母同图 5－2。

从图 5－6 可以看出，虽然 Al-As、Fe-As 和 Ca-As 结合态含量在不同振荡时间下有不同的变化趋势，但是除亚硫酸氢钠外，总结合态含量有随着振荡时间延长而增加的趋势，其在振荡 3h 和 20h 下，柠檬酸处理与对照有显著差异（$P=0.045$、$0.039<0.05$）。在高浓度柠檬酸处理下，振荡 1h，可以把结合态砷从 19% 增加到 33% 以上，振荡 3h 结合态砷增加到 34% 以上，而振荡 20h 后，结合态砷含量则可以增加到 37% 以上。

研究表明，各试剂对于金矿砷化合物有一定活化作用，可以逐步把砷化合物从残渣态向 Ca-As、Fe-As 和 Al-As 转化，随着淋洗剂 pH 值不同，转化为 Fe-As 和 Al-As 的量各不相同。

不同振荡时间影响下，各处理下不同形态砷含量变化规律不一致，其中亚硫酸氢钠处理下淋洗可溶态和 Al-As 在 3h 达到最佳提取效果，与振荡 1h 和 20h 均有极显著差异。磷酸二氢铵处理下淋洗可溶态砷含量在振荡 1h 和 20h 有显著差异（$P=0.023<$

0.05)，随着时间延长，淋洗液浸提砷显著增加。磷酸二氢铵处理下 Fe-As 和 Ca-As 在 1h 和 20h 振荡处理下有显著差异（P = 0.00187，0.044 <0.05)，对于 Fe-As 磷酸二氢铵振荡 1h 和 3h 也有显著差异（P = 0.0187 < 0.05)，随着振荡时间延长 Fe-As 含量显著增加，随着磷酸二氢铵浓度的提高 Fe-As 含量也显著提高，表明磷酸二氢铵可以通过和砷酸根发生交换反应，提高砷的生物有效性。

结果说明各个试剂对于砷的活化有一定效果，但是因为速效态砷含量（水溶态和离子态砷含量之和）仍在 5% 以下，所以效果不十分理想，还有很大的活化空间。在同种试剂淋洗活化下，随着活化剂浓度的提高残渣态砷含量均比对照有所下降，表明各活化剂有将残渣态砷和低有效态砷活化转变为离子态砷的可能性。其中柠檬酸振荡淋洗 3h 和 20h 处理下，残渣态砷含量与对照相比有显著降低（P = 0.045，0.035 < 0.05)，表明柠檬酸的除砷活化效果较好。

5.4 讨论

5.4.1 淋洗剂种类的影响

在上述 5 种砷形态中，离子态活性最高，迁移能力最强，因此最易被植物所吸收，残渣态完全不能被植物利用，只有通过矿物的风化才能释放出来。本研究表明，兴仁金矿样品速效态砷含量平均约为 3.895mg/kg，约占矿物总砷的万分之五，砷有效性极低，残渣态砷含量高达 81% 以上，结合态砷以 Ca-As 为主，Al-As 次之，Fe-As 最少，可溶态与离子态砷含量极低，这与有关土壤中的研究结果类似，张广莉等研究表明，酸性土壤中以 Fe-As 占优势，碱性土壤中以 Ca-As 占优势，Ca-As 一般与土壤中 Ca 含量有密切关系，Al-As 一般与土壤中总 Al 含量成正相关。涂从等的研究结果表明，植物可吸收的砷形态因土壤而异，石灰性土壤是 Al-As、可交换 As 与水溶 As，非石灰性土壤是 Fe-As

和 Al-As。本矿样钙含量高，pH = 7.5，性质类似石灰性土壤，因此本底 Ca-As 结合态含量较高，但是在各种处理下 Al-As 含量有所增加也表明所选择的试剂对于砷有一定的活化效果。

简放陵研究表明黏土的数量和黏土矿物成分的性质控制着土壤砷的吸附，而且土壤黏粒矿物类型对砷的吸附有较大影响，一般：蒙脱石 > 高岭石 > 白云石。土壤中铁、铝组分对砷吸持有重要作用，土壤含无定形铁铝氧化物越多，其吸附砷的能力越强；Bowel 研究土壤对 As^{3+} 和 As^{5+} 的吸持表明，合成氧化铝 > 合成氧化铁 > a－MnO_2 > $CaCO_3$ > 蒙脱石 > 高岭石 > 蛭石 > 青紫泥。兴仁金矿的矿样中矿物组成较为复杂，但是矿石中所含的金属矿物主要是以黄铁矿、毒砂和赤铁矿为主，占金属矿物相对含量的 97% 以上，其他金属硫化物和次生氧化物矿物含量微少。矿石中脉石矿物组成主要是以碳酸盐矿物方解石、白云母、石英、白云石为主，其次为长石等其他矿物。因此矿样中砷多处于残渣态毒砂中，部分被钙、铁、铝等结合有效态较低。

张广莉等研究表明，根系分泌物可以通过竞争吸附、酸化溶解、还原作用和螯合作用活化土壤中的 Al-As、Fe-As，将之转变为 Ca-As。本研究表明，Ca-As 为松散结合态，柠檬酸在 3h 内可以显著增加 Ca-As 含量，对残渣态砷进行活化，并且逐级向 Fe-As、Al-As 转化，这就说明柠檬酸的活化效果较好。

矿样物相分析表明其砷主要以硫化物形态存在，其氧化物形态包括臭葱石（$FeAsO_4 \cdot 2H_2O$）和 As_2O_3 等形态，但是氧化物态只占矿样总砷的 3.52%，总量很小，因此必然有部分硫化物砷参与到淋洗活化以及形态提取的反应中来。

陈静等研究表明，pH 值越高，土壤对砷的吸附性越差，土壤溶液中的总砷含量就越大。对紫色土的研究表明，酸性紫色土植物吸收 As 的形态为铝砷和铁砷，中性紫色土为交换态砷和钙砷，石灰性紫色土为钙砷、铁砷和交换态砷。本研究矿样本底 pH 值 7.5，为中碱性，在各种试剂淋洗作用下，分别表现出 Fe-As、Ca-As 有所增加，表明各试剂对于提高有效砷含量有一定作用，这对促进矿样砷的植物吸收去除具有十分重要的意义。矿样中 Ca、Fe、Al 含量均很高，随着淋洗剂的加入，矿样 pH 值开始不同的变化过程。加入柠檬酸和丁二酸后矿样 pH 值有所下降，矿样中毒砂、臭葱石（$FeAsO_4 \cdot 2H_2O$）以及吸附态的砷有参加氧化还原反应、竞争吸附等被解吸溶解到基质溶液中的趋势，加入铵盐后，铵根可能和雌黄发生非常微弱的反应，矿样 pH 值略有增加，加入 EDTA-Na_2 可能会与矿样中砷发生螯合反应，从而加大了砷的有效性。pH 值约等于 4 时土壤对砷吸附量最大，当 pH >10 或 pH $\ll 1$ 时，土壤颗粒对砷的吸附量很少，土壤中砷主要以水溶态存在。这与本研究结果相似。加入碳酸氢钠溶液后，碳酸氢钠溶液呈现微碱性可以降低矿样对砷的吸附，促进它解吸成为有效态，但是因为碳酸氢钠浓度低，碱性弱，因而其促进解吸的作用不明显。

磷对砷的影响研究表明，磷和砷在土壤中可以相互竞争土壤胶体上的吸附点位，PO_4^{3-} 可以加速土柱中 As^{5+} 向下移动。周娟娟等研究结果证实了磷和砷的化学性质相近，在土壤中存在竞争吸附的关系，提高溶液磷浓度能够减少土壤对砷的吸持能力，并增加砷从土壤中的解吸量。在磷浓度较低的情况下，这种影响尤其显著，砷的解吸量与磷浓度呈极显著的线性相关关系。雷梅等对黄壤、红壤、褐土的砷磷吸附研究表明，As 在土壤中的吸附受 P 存在的影响，60mg/kg 的磷可以降低黄壤和红壤对 As 的最大吸附量。而邹强等人对紫色土的研究结果也表明 As 的存在能明显增强紫色土对磷的吸附作用，磷的存在则明显抑制紫色土对 As 的吸附。本研究磷酸二氢铵（MAP）对于金矿砷有一定的活化作用，尤其对于淋洗可溶态、离子态和 Al-As 结合态砷含量增加较为明显，表明 MAP 对于金矿中吸附态砷的释放效果较好。

选定兴仁金矿残渣态砷含量极高达到 81.94%。而利用不同活化剂振荡之后对砷有效性有一定提高，主要表现在对淋洗可溶态和离子态砷的含量有明显提高，同时从三个振荡时间处理下可以看出，高浓度柠檬酸处理下 Al-As、Ca-As 含量均比对照有所增加，表明有机酸——柠檬酸对金矿砷活化效果较好，可以把更多残渣态 As 转化为松散结合态 Ca-As，提高砷的植物有效性。最可能的就是矿物中含量微少的臭葱石和 As_2O_3 与加入的柠檬酸等试剂发生反应，形成砷酸盐、亚砷酸盐，而提高其有效性，这也是酸性较强淋洗剂效果较好的主要原因之一。这与张广莉等的研究一致，后者认为根系分泌物主要通过竞争吸附、酸化溶解、还原作用和螯合作用活化土壤中的 As。

在振荡 1h 情况下，与蒸馏水相比，硝酸铵和磷酸二氢铵对于淋洗可溶态砷含量均有显著提高（$P=0.012<0.05$），其他试剂对于淋洗可溶态含量有极显著提高（$P<0.01$）。各试剂对于其他形态砷含量影响无显著差异。各试剂淋洗下离子态砷均有不同程度提高，其中磷酸二氢铵（$P=0.027<0.05$）与对照相比有显著提高，而 EDTA-Na_2、碳酸氢钠、硝酸铵和柠檬酸与对照相比对离子态砷含量有极显著提高（$P<0.01$）。对于铝结合态砷各种处理差异不显著，而对于铁结合态砷以柠檬酸效果最好，其与对照（蒸馏水处理）相比有显著差异（$P=0.046<0.05$），对于钙结合态砷以亚硫酸氢钠处理效果最好，与对照相比有极显著差异（$P=0.0015<0.01$）。

从残渣态含量上看，不同试剂淋洗后，残渣态含量均有所下降，下降最明显的是柠檬酸处理组，其中高浓度柠檬酸处理下，金矿砷存在着从残渣态砷向 Ca-As、Fe-As、Al-As 和离子态砷逐级转化的趋势，高浓度柠檬酸处理下金矿残渣态砷含量下降 15%（$P=0.034<0.05$）以上，起到明显的活化效果。

5.4.2 淋洗剂浓度的影响

随着淋洗剂浓度的提高，金矿速效态砷含量与结合态砷含量均有逐渐增加的趋势。其中高浓度柠檬酸处理下和低中浓度之间有显著差异（$P=0.012$，$0.037<0.05$），其余试剂的各处理浓度间差异不明显。

5.4.3 振荡时间的影响

随着振荡时间的延长，各处理下的砷含量均有所增加，其中振荡 1h 时，各淋洗剂可溶态与对照相比有显著提高，而在振荡 3h 和 20h 后，这种差异逐渐不明显。因此淋洗活化时没有必要过长，以 3h 为好。

就结合态砷含量来看，随着振荡时间的延长，结合态砷含量变化趋势不明显，但是在柠檬酸处理下，随着振荡时间的延长，结合态砷含量有所增加，但是在 3h 和 20h 处理下，没有显著差异，从节能角度考虑以选择振荡淋洗 3h 为最佳时间。党廷辉对于石灰性土壤磷素的化学活化途径研究表明，草酸和柠檬酸有一定的活化土壤磷素、增加速效磷含量的作用，而草酸钠和柠檬酸钠未显示出对土壤磷素活化效果，说明草酸和柠檬酸对于土壤磷素活化作用主要表现在酸溶作用，而不是草酸根、柠檬酸根与 Ca^{2+} 结合来释放磷酸根（PO_4^{3-}、HPO_4^{2-}），同时研究表明柠檬酸在加入土壤 6h 对土壤磷素活化作用明显。磷和砷为同一主族元素，化学性质相近，因此，柠檬酸于金矿砷表现出的较好的活化作用也可能源于酸溶作用。

陶玉强等用草酸钾在 pH =5.5 时提取污染土壤中的砷，其结果表明在草酸盐从 0 ~ 10.0mmol/L 浓度范围内，土壤 As(Ⅲ)、As(Ⅴ) 的释放量随草酸盐浓度的增加而增大，土壤中砷的释放量随提取时间的增加而增加，在提取 6h 左右达到最大砷释放量，As(Ⅴ) 释放量比 As(Ⅲ) 释放量大。而且发现土壤中 Fe-As、Al-As 的共同释放量与砷的释放量存在显著的线性关系。目前研究表明振荡 20h 和 3h 对于砷的活化没有显著差异，可以进一步尝试振荡 6h、12h 等，以确定最佳活化时间。

5.5 本章小结

(1) 通过振荡淋洗实验，发现磷酸二氢铵、亚硫酸氢钠和柠檬酸的砷活化效果较好，高浓度时 $EDTA\text{-}Na_2$ 也有较好的活化作用，它们均可以用于调控，以促进金矿砷植物有效性的增加。

（2）除硝酸铵外各试剂淋洗下速效态砷含量均有显著增加，并且有随着振荡时间延长而逐渐增加的趋势，也有随着淋洗剂浓度提高而活化效果增强的趋势。

（3）结合态砷包括 Al-As、Fe-As 和 Ca-As 结合态三种类型。虽然 Al-As、Fe-As 和 Ca-As 结合态含量在不同试剂淋洗不同振荡时间下有不同变化趋势，但是除亚硫酸氢钠外，总结合态含量有随着振荡时间延长而增加的趋势，其中柠檬酸处理下与对照有显著差异，说明淋洗剂可以把金矿砷从残渣态逐渐向结合态和离子态活化。

（4）金矿速效态砷含量有随着淋洗剂浓度提高逐渐增加的趋势。除亚硫酸氢钠和硝酸铵外，结合态砷含量也有随着淋洗剂浓度提高逐渐增加的趋势。

（5）在柠檬酸处理条件下，金矿中砷的转化途径为：残渣态砷→Ca-As→Fe-As→Al-As→离子态砷，高浓度柠檬酸处理下金矿残渣态砷含量下降 15% 以上，有显著的活化效果。

针对不同浓度和振荡时间下的砷形态分析，综合考虑其活化顺序如下：柠檬酸 > 磷酸二氢铵 > 亚硫酸氢钠 > 碳酸氢钠 > EDTA-Na_2 > 硝酸铵 > 丁二酸 > 水。

6 含砷金矿蜈蚣草除砷调控

6.1 引言

利用蜈蚣草进行土壤砷污染修复已经有众多案例，也有很多关于调控修复的研究，然而这些调控手段能否在金矿植物预处理过程中发挥作用，值得进一步研究。本研究在第5章筛选出的高效活化剂基础上，用其对矿样进行淋洗调控，以促进蜈蚣草对金矿砷的吸收累积，提高蜈蚣草生长速率和生物量。

6.2 材料与方法

6.2.1 蜈蚣草的采集与培养

本实验中所用的蜈蚣草采自云南省个旧市沙甸镇。沙甸镇位于个旧市北部，距个旧市区24km。属亚热带气候，年均气温20℃。海拔1200～1400m之间，年平均降雨量700～800mm，年霜期不到10d。

蜈蚣草采集回来后，先用自来水冲洗净根部土壤，再用矿样种植于塑料花盆中，并且剪掉原来的羽叶。让其重新萌芽生长，并适时浇水。本次实验选用蜈蚣草是先后两次采集于沙甸镇的，第一次采集于4月份，采回实验室后进行细磨金矿样品室内栽培，在恢复生长一周后开始用活化剂浇灌，完全浇灌完后分别于生长1个月时和4个月时进行蜈蚣草株高、干重的称量，并且洗净烘干备测。第二次是在11月份采集，并且种植在不同粒径混合的金矿基质中，因为冬季重新萌芽生长较慢，所以到第二年4月份才开始进行调控研究。

6.2.2 细磨矿样蜈蚣草种植试验

第一次栽培试验所用蜈蚣草采集于4月份，采回实验室后，洗净根部，种植到细磨金矿样品中，每盆装矿样1kg，剪掉原有羽叶，在恢复生长10d后（看到有新芽萌发）开始用活化剂浇灌。

依据前述淋洗活化试验结果筛选如下淋洗剂进行浇灌调控。前述淋洗活化试验表明，柠檬酸、磷酸二氢铵和高浓度亚硫酸氢钠、EDTA-Na_2对于砷的活化效果较好，继续用于浇灌调控，而硝酸铵虽然效果不明显，但因其属于肥料，可以促进植物生长，提高生物量，因而室内栽培试验仍然选择了硝酸铵进行调控。鉴于柠檬酸淋洗活化效果较好，且二者都为有机酸，因此仅选用柠檬酸用于植物调控，未选用丁二酸。

第一批蜈蚣草调控试验是在实验室内利用细磨（过200目占80%）含砷金矿矿样种植蜈蚣草，利用EDTA-Na_2、亚硫酸氢钠、磷酸二氢铵、碳酸氢钠、柠檬酸和硝酸铵六种不同试剂各三个浓度梯度进行调控淋洗，为防止有机物加入过多影响后续金的浸出，因此本试验中选用的有机淋洗剂EDTA-Na_2和柠檬酸浓度控制较低，每一处理水平各设5个重复，以防止有蜈蚣草死亡，同时配有未加调控剂的空白对照。按需浇水。研究所选用各试剂种类及其浓度如表6－1所示。

表6－1 调控蜈蚣草所用各试剂浓度 (mol/L)

淋洗剂	CK	EDTA-Na_2	$NH_4H_2PO_4$	$NaHSO_3$	$NaHCO_3$	NH_4NO_3	$C_6H_8O_7$
低浓度	蒸馏水	0.001	0.01	0.01	0.05	0.05	0.001
中浓度		0.005	0.05	0.05	0.1	0.1	0.005
高浓度		0.01	0.1	0.1	0.2	0.2	0.01

具体浇灌方法：对所有蜈蚣草采用同时等量浇灌。每个花盆每天早晚各浇灌试剂一次，每次浇50mL，分20次，共持续

10d，各花盆浇灌试剂总量为1L。浇灌时动作应较轻避免试剂及矿样飞溅。试剂应尽量均匀浇灌在植株周围。

6.2.3 不同粒径混合矿样蜈蚣草种植试验

第二批栽种试验在冬季（11月采集栽种）进行，所用矿样粒径组合如下：利用细磨（过200目占80%）、含砷金矿矿样与通过2mm和通过0.02mm矿样各占三分之一，每盆装矿样1kg。蜈蚣草采回实验室后，洗净根部，种植到不同粒径组合的金矿样品中，剪掉原有羽叶，因冬季气温低，蜈蚣草萌芽较慢，因此在第二年4月份开始用活化剂浇灌，这次选用的调控剂只有两种，一种是蜈蚣草根系分泌物草酸，另外一种是初步栽培中效果较好的磷酸二氢铵。并且利用草酸和磷酸二氢铵各三个浓度梯度进行调控淋洗，各试剂浓度分别设定在0.005mol/L、0.010mol/L和0.015mol/L，每一处理水平各设5个重复，另外还有用水作为浇灌液的空白对照。按需浇水。具体浇灌方法同前。

6.2.4 蜈蚣草株高与生物量分析

浇灌完调控剂后，让蜈蚣草自然生长10d，在收割蜈蚣草之前，利用直尺进行蜈蚣草羽叶长度测量，并且记录每盆处理的羽叶数和长度。利用剪刀把蜈蚣草羽叶沿矿样表面剪断。把羽叶反复清洗干净，用1% HCl，清洗羽叶表面，并且用蒸馏水冲洗干净，烘干称重，磨碎待消解测定砷含量。

第一批栽培收割地上部分后，根系留待继续萌芽，又生长3个月后，先测定株高，再把地上羽叶和地下根部同时收获，作为第二批植物样品进行测定，洗净烘干称重粉碎备测。所收获的第三批蜈蚣草是在不同粒径组合矿样上生长的，在浇灌完调控剂生长10d后，同时收获羽叶和根系，此时蜈蚣草约在室内生长6个月。

6.2.5 蜈蚣草砷含量分析

把烘干磨碎的羽叶和根部样品称取0.3g，放入到消解管中，分别加入 5mL 硝酸、2mL 硫酸，及单纯的酸对照样，静置过夜，次日在消化器上消解，定容 25mL，采用氢化物发生 - 原子吸收光谱法测定，其中原子吸收光谱仪为美国 Varian AA240FS 型，氢化物发生器购自北京翰时制作所（WHG - 103 型）。分析中所用试剂均为优级纯，样品分析过程中分别采用空白及加标回收的方法进行分析质量控制，元素的加标回收率在 92% ~99% 之间，符合元素质量分数分析质量控制要求。每种处理 3 个重复。砷标准溶液购自国家标准物质研究中心。

6.2.6 数据处理

数据处理及统计分析采用 SPSS17.0 和 Excel 2003 进行。

6.3 实验结果

6.3.1 蜈蚣草株高与干重的分析

6.3.1.1 细磨样品上生长 1 个月的蜈蚣草生物量分析

盆栽试验过程中定期浇灌淋洗液，并且日常按需浇灌自来水。待试剂完全浇灌 7 天后，测定植株株高，记录后收割茎叶部分，并且烘干称重，不同处理下蜈蚣草的株高与单株干重结果分别如表 6 - 2 所示。从表 6 - 2 可以得出，蜈蚣草的干重和株高变化顺序随着活化剂种类和浓度有不同的变化规律，总体上，柠檬酸浇灌的植物株高、干重平均值都较高，而 EDTA 处理下的干重和株高平均值分别最低。就干重方面来看，磷酸二氢铵调控下的蜈蚣草随着处理浓度的增加干重逐渐增加，柠檬酸处理下则是随着浓度增加干重呈现先增加后下降的趋势，而对于其他活化剂处理下干重呈现随浓度增加而先下降又增加的趋势。就株高来看，除柠檬酸处理随浓度增加而减少之外，均随着浓度增加而先下降后增长。这可能与施加调控剂后蜈蚣草生长基础——含砷金矿矿砂的 pH 值、养分释放等有关系。

表 6-2 调控后生长 1 个月的蜈蚣草羽叶株高与干重的分析（$n=5$）

处理浓度 活化剂种类	低浓度		中浓度		高浓度	
	株高/cm	羽叶干重/g	株高/cm	羽叶干重/g	株高/cm	羽叶干重/g
EDTA-Na_2	9.5 ±3.2 aA	0.087	3 ±0.5 bB	0.028	7.8 ±4.1bA	0.056
磷酸二氢铵	15.8 ±12.2aA	0.25	13.5 ±3 abA	0.159	15 ±2.6aA	0.293
亚硫酸氢钠	19.3 ±10 aA	0.37	6 ±4.3abA	0.097	8.2 ±2.1bA	0.1
碳酸氢钠	14 ±5.3 aA	0.094	9.2 ±1.3abA	0.084	18.8 ±6.2 aA	0.206
硝酸铵	11.2 ±9.3abA	0.445	3 ±0.67bB	0.048	11.9 ±6.4abA	0.069
柠檬酸	28.4 ±11.6 aA	0.48	21 ±6.1aA	1.238	18.5 ±7.1aA	0.28
蒸馏水	21 ±2 a	0.712				

注：小写字母相同表示不同试剂之间没有显著差异，小写字母不同表示不同试剂之间有显著差异，大写字母相同表示同种试剂不同浓度之间没有显著差异，大写字母不同表示同种试剂不同浓度之间有显著差异。干重较小，所以没有分株单独称重，而是混合称重，因此没有标准差。

6.3.1.2 细磨样品上生长 3 个月的蜈蚣草生物量分析

第一次调控 10d 后即蜈蚣草种植 1 个月后收割其地上部位，待根系重新萌发并继续生长 3 个月后，收割蜈蚣草羽叶及其根系，其株高与干重结果如表 6-3 所示。可以看出，各种调控剂在矿样基质中可以持续发生反应，对植物的生长和吸收有一定的影响。

表 6-3 调控后生长 3 个月的蜈蚣草株高与干重的分析（$n=5$）

处理浓度 活化剂	低浓度		中浓度		高浓度	
	株高/cm	干重/g	株高/cm	干重/g	株高/cm	干重/g
EDTA-Na_2	26.5 ± 23.2 abA	1.82 ± 0.61	15.8 ± 17.5 abA	1.61 ± 1.05	12.9 ± 14.7 abA	1.36 ± 0.94
MAP	37.6 ± 21.2 aA	3.13 ± 1.15	38.7 ± 24.3 aA	3.97 ± 0.96	51.7 ± 24.2	5.1 ± 2.65

续表 6－3

处理浓度 活化剂	低浓度		中浓度		高浓度	
	株高/cm	干重/g	株高/cm	干重/g	株高/cm	干重/g
$NaHSO_3$	29.8 ± 17.8 abA	2.19 ± 1.03	21.5 ± 12.3 abA	1.74 ± 0.93	17.5 ± 12.5 abA	1.43 ± 1.01
$NaHCO_3$	34.5 ± 6.5 abA	1.94 ± 0.52	46.2 ± 16.6 abA	2.18 ± 1.04	24.8 ± 20.8 abA	1.91 ± 0.43
柠檬酸	50.2 ± 20.6 aA	5.16 ± 2.41	68.3 ± 16.2 aA	5.619 ± 2.64	48.6 ± 31.4 aA	5.37 ± 2.23
蒸馏水	29.8 ± 21.4 b	2.124 ± 1.35				

注：小写字母相同表示不同试剂之间没有显著差异，小写字母不同表示不同试剂之间有显著差异，大写字母相同表示同种试剂不同浓度之间没有显著差异，大写字母不同表示同种试剂不同浓度之间有显著差异。

从羽叶长度（即株高）上看，随着调控剂浓度提高，EDTA-Na_2 和亚硫酸氢钠处理下株高逐渐降低，其原因可能是过多钠盐的进入，提高了蜈蚣草根系的 Na/K 含量比，抑制了植物对营养的吸收，限制其生长。在硝酸铵调控后有些蜈蚣草有新萌发芽，有些则没有重新萌发，并且在不到 3 个月的时间内，新羽叶先后枯死，因此没有测定结果。但是随着柠檬酸和磷酸二氢铵的浓度增加，叶片数量和株高均有增加趋势，并且与对照有显著差异（$P=0.034$，$0.025<0.05$）。磷酸二氢铵是肥料，可以促进蜈蚣草株高和生物量的增加显而易见，但是柠檬酸的促进原因还有待进一步研究，初步估计是因为酸度逐渐增加，使得更多矿物中的元素被溶解释放，促进了蜈蚣草的吸收，而使之生长加快。

从生物量来看，柠檬酸浇灌的植物平均生物量最大，存活羽叶数最多，随着柠檬酸浓度增加生物量呈现先增加后下降的趋势，这有可能是由于柠檬酸是三元酸，可以调控矿样 pH 值，使得在柠檬酸中浓度的情况下，矿样的 pH 值为蜈蚣草生长的最适

pH 值，营养吸收效果最好，而酸度再高，可溶态砷增加了对蜈蚣草根系的毒害作用，从而限制了根系的生长，使得根部与地上部总干重下降；而亚硫酸氢钠处理的植物，则随着亚硫酸氢钠的浓度增加而减小。其中磷酸二氢铵为蜈蚣草提供了磷肥和氮肥，它所浇灌的蜈蚣草羽叶数明显增多，生物量明显增加。但是同样作为肥料的硝酸铵却没有存活 3 个月的羽叶，其原因有待进一步探究。这些都可能与施加调控剂后蜈蚣草生长基础——含砷金矿矿砂的 pH 值、养分释放等有关系。

6.3.1.3 不同粒径混合金矿样品上生长 6 个月的蜈蚣草生物量分析

蜈蚣草用活化剂浇灌 10d，自然恢复 5d 后收获其地上部分，浇灌活化剂期间植物长势良好，经处理后用卷尺测定株高，收割后清洗干净、烘干称重，株高及干重生长情况见表 6－4。

表 6－4 不同试剂调控的蜈蚣草地上部位生长 6 个月的平均株高与干重（$n=5$）

处理方式	草酸－1	草酸－2	草酸－3	MAP－1	MAP－2	MAP－3	对照
株高/cm	67.5 ± 26.6 aA	51.75 ± 35.29 aA	47.5 ± 17.12 aA	45.83 ± 31.86 aA	48.75 ± 24.13 aA	49.33 ± 25.83 aA	68.5 ± 27.58 aA
羽叶干重/g	3.79 ± 1.41	2.53 ± 1.98	0.92 ± 0.73	2.41 ± 0.45	2.82 ± 0.36	3.10 ± 0.62	2.902 ± 1.21

注：试剂后边的－1，－2，－3 分别表示对应的低中高浓度，具体浓度值见表 5－1。统计分析字母标注同图 5－2。

从蜈蚣草长势上看，其株高与生物量的差别一方面来源于浇灌前的差异，另外一方面则是由于淋洗剂调控的差异。但是相比对照来看，草酸和 $NH_4H_2PO_4$ 处理下的蜈蚣草长势（株高和干重）并无显著差异。

从株高来看，对照的株高最高，草酸和磷酸二氢铵调控后没有使得株高增长更快。随着草酸施用浓度的增加，蜈蚣草长势

（包括株高与干重）有逐渐下降的趋势，表明随着草酸使用浓度的提高，金矿基质酸化逐渐明显，可能不利于蜈蚣草生长，因为有研究表明，蜈蚣草更喜好在中碱性钙质土壤中生长。陈同斌、于洋等研究分别表明蜈蚣草根系分泌物草酸有助于活化砷，增加其对砷的吸收和累积，这就可能导致外加草酸增加了根际砷浓度，限制了蜈蚣草生长，草酸加的越多，限制性越明显。相比草酸和前两批柠檬酸处理的蜈蚣草生物量差异来看，柠檬酸有助于蜈蚣草生物量增加，而草酸则抑制了蜈蚣草生长，说明草酸浓度选用过高，柠檬酸浓度选用较为合适。

对于施用 $NH_4H_2PO_4$ 的处理来说，随着施用浓度的提高，蜈蚣草生长有一定增加，其对蜈蚣草的营养促进作用有一定表现。

从生物量上看，低浓度的草酸处理和高浓度的磷酸二氢铵处理下干重比对照有所增加，可能低浓度的草酸增加了蜈蚣草根系分泌草酸、植酸的不足，促进矿样 Ca、Mg、Fe、N、P、S 和 As 的释放，有助于蜈蚣草对于营养元素和砷的吸收，因此生物量增加。而随着草酸处理浓度的增加，基质中可能有更多的砷被活化，增加了蜈蚣草根际砷浓度，对其生长表现出了抑制。磷酸二氢铵调控下随着浓度增加，蜈蚣草羽叶数和干重均表现出增加趋势，说明其起到了肥料应有的促进蜈蚣草生长的功能。

与第二批收割蜈蚣草相比，株高与生物量有所增加，一方面是生长时间较长，另外一方面是基质以不同粒径组合，比原有细磨矿样基质的通气透水保水能力有所改善，有利于蜈蚣草根系对于水分、氧气和营养元素的吸收，从而改善了生长状况。

6.3.2 不同条件下蜈蚣草羽叶砷含量

6.3.2.1 生长1个月的蜈蚣草羽叶砷含量

通过测定分析得出不同处理下蜈蚣草茎叶部分的砷含量分别如图 6－1 所示。

由图 6－1 可以看出，在不同处理下蜈蚣草的砷含量不同。

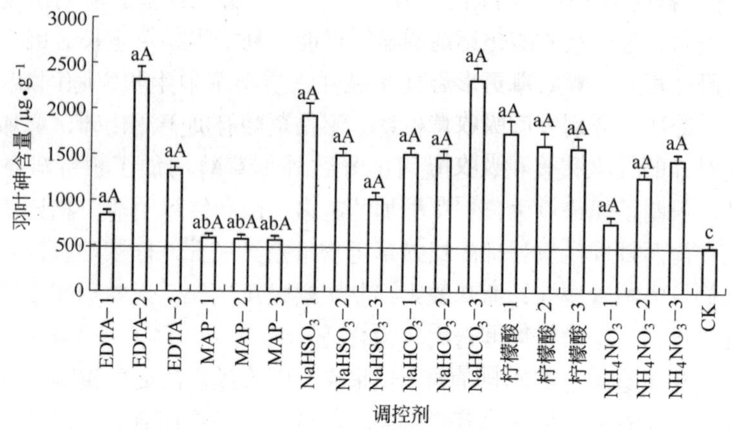

图 6-1　不同条件下生长 1 个月蜈蚣草羽叶中砷的平均含量（$n=5$）

注：小写字母相同表示不同试剂之间没有显著差异，小写字母不同表示不同试剂之间有显著差异，大写字母相同表示同种试剂不同浓度之间没有显著差异，大写字母不同表示同种试剂不同浓度之间有显著差异。

各试剂处理下蜈蚣草砷累积量均比对照高，且与对照相比均有显著差异，其中 EDTA-Na_2 为极显著差异（$P=0.0053<0.01$）（均是在五个样本平均值下进行的显著差异检验）。不同处理下蜈蚣草吸收 As 效率变化不同，在硝酸铵的处理下随着浓度增加蜈蚣草砷含量增加，而在亚硫酸氢钠、磷酸二氢铵和柠檬酸处理下随着浓度的增加 As 提取效率呈现下降趋势，对于 EDTA-Na_2 调控下则显示出随浓度增加而先上升后下降的趋势。但是各试剂处理的不同浓度之间没有显著差异。通过比较调控后蜈蚣草砷吸收效率的情况，结果表明，碳酸氢钠和柠檬酸浇灌的蜈蚣草的吸收率相对较高，其次是亚硫酸氢钠、EDTA-Na_2 和硝酸铵，最少的是磷酸二氢铵。由此可见，在所研究的调控剂中，柠檬酸、EDTA-Na_2、亚硫酸氢钠、碳酸氢钠和硝酸铵对于蜈蚣草的除砷均有一定的强化功能，其中碳酸氢钠和柠檬酸对含砷金矿的砷活化和促进植物砷吸收有较大作用，而柠檬酸对于生物量的促进作

用比吸收效率的提高效果明显。

碳酸氢钠因为碳酸根离子的不稳定，呈弱碱性。含砷金矿中的砷主要以雄黄、雌黄形态存在，而雄黄、雌黄都是能溶于碱的物质，所以对于砷的吸收调控效果比中性或弱酸性的物质好。从碳酸氢钠各浓度的砷吸收情况来看，浓度对含砷金矿的活化作用并没有很明显的影响。EDTA-Na_2 为络合剂，可以有效把金矿中不同形态的砷络合从而容易为植物吸收。其余五种试剂处理都与磷酸二氢铵处理有显著差异，且磷酸二氢铵处理下的吸收率平均值在本实验中是最低的，表明磷酸二氢铵对于金矿砂中的砷的活化作用不明显，而且随着施用浓度的加大，蜈蚣草砷吸收率下降，表明在高浓度下可能存在砷－磷拮抗作用，但是更可能的原因是由于调控后生长时间较短，就被收割了，所以肥料促进生长的作用还没有完全发挥。

6.3.2.2 生长3个月的蜈蚣草羽叶砷含量

通过测定分析得出不同处理下生长3个月蜈蚣草羽叶部分的砷含量分别如图6－2所示。

从图6－2中可以看出：生长三个月蜈蚣草羽叶中砷含量普遍比生长1个月的含量高得多，但是与对照相比，各试剂处理下羽叶砷含量差异不明显。不同试剂处理下含量变化规律不一致，这可能与生长时间及调控剂在金矿中的持续反应有关。

（1）随着 EDTA-Na_2 的浓度增加，蜈蚣草地上部砷含量降低，说明 EDTA-Na_2 对于蜈蚣草的砷积累有一定的促进作用，但是过多钠盐的进入对于蜈蚣草积累砷有不利影响。

（2）磷酸二氢铵对砷的吸收与对照相比有显著促进作用，并且随着调控浓度的增加蜈蚣草地上部砷含量明显增多，表明 P 与 As 之间可能存在一种协同（促进）作用，而蜈蚣草生物量也随着磷酸二氢铵浓度的增加不断提高，表明其对营养的吸收没有受到抑制，从而推断蜈蚣草对 As、P 的吸收累积途径可能不同，也可能还没有达到出现 As-P 抑制作用的阈值。而通过离

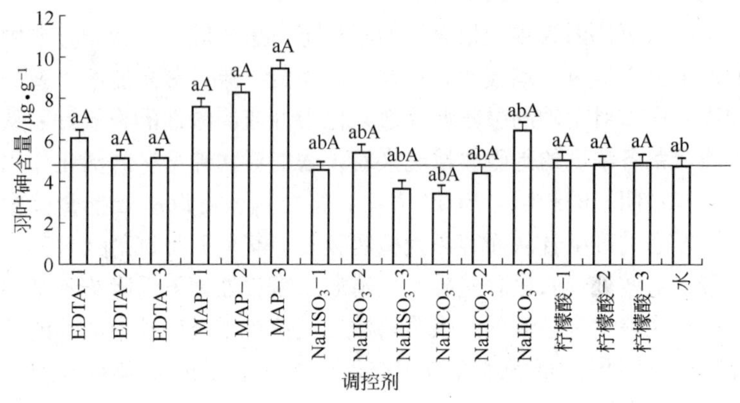

图 6-2 不同条件下生长 3 个月蜈蚣草羽叶中砷的平均含量（$n=5$）

注：小写字母相同表示不同试剂之间没有显著差异，小写字母不同表示不同试剂之间有显著差异，大写字母相同表示同种试剂不同浓度之间没有显著差异，大写字母不同表示同种试剂不同浓度之间有显著差异。

子交换作用，磷酸盐促进矿样中的砷的释放和蜈蚣草的吸收累积。

（3）亚硫酸氢钠处理下蜈蚣草对砷吸收量随着浓度增加呈现先增加后降低的趋势，究其原因可能是中低浓度亚硫酸氢钠对于砷活化吸收有一定效果，而浓度过高则出现类似钠盐毒害效应，影响了蜈蚣草对于砷的吸收。

（4）柠檬酸处理下蜈蚣草对砷吸收量呈现出随着浓度增加而先下降后升高的趋势，表明作为多元酸对于金矿砷的活化及植物必需元素释放均有一定的作用。

（5）随着碳酸氢钠浓度的增加，蜈蚣草的砷吸收量也随之增加。这有可能是 $NaHCO_3$ 与矿样中的雌黄或毒砂等发生反应，使砷容易被蜈蚣草吸收。随着碳酸氢钠溶液浓度增高，则反应更迅速、更完全，砷活化效果更好。

$$2As_2S_3 + 2NaHCO_3 \xlongequal{\quad} NaAsO_2 + Na_2AsS_2 + 2CO_2 + H_2O \tag{6-1}$$

6.3.2.3 生长4个月的蜈蚣草根部砷含量

因为第一次收割蜈蚣草羽叶时没有收割根部，所以第二次收割时，其根部生长已经达到4个月。收割蜈蚣草根部并且进行了砷的测定分析，得出蜈蚣草根部的含砷量如图6-3所示。

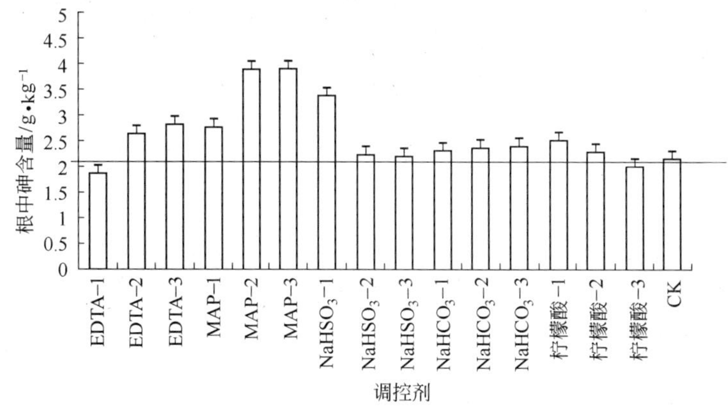

图6-3 不同条件下蜈蚣草根中砷的含量（$n=5$）

从图6-3中我们可以看出，与相应蜈蚣草羽叶砷含量相比，根部砷含量普遍比较低，但是也都超出1800mg/kg，表明蜈蚣草在细磨金矿中仍然可以正常生长，且保持其超积累特性。根部的砷含量呈现出不同的变化趋势，除碳酸氢钠调控下与对照相比有显著差异外（$P=0.023<0.05$），其他处理均无明显差异。

在EDTA-Na_2、磷酸二氢铵（MAP）和碳酸氢钠调控下，随着调控剂浓度的增加，蜈蚣草根部砷含量有所增加，说明这几种调控剂对于砷有一定的活化作用，促进了蜈蚣草对于砷的吸收，但是蜈蚣草向地上部位转运砷的能力受到植物生理特性、金矿氧化还原电位和pH值的影响。而用EDTA-Na_2和亚硫酸氢钠调控的植物根部含砷量相对较小，与对照蜈蚣草无明显差异。随着浓度的上升，用EDTA-Na_2调控的植物根部含砷量呈上升趋势，而用亚硫酸氢钠调控的植物的根部含砷量则呈现出先下降后上升的趋势，其原因可能是随着浓度的增加溶液 pH 值同样减少，使得适宜生长于中性或偏碱性土壤中的蜈蚣草生长受到抑制。

6.3.2.4 不同粒径混合矿样种植蜈蚣草生长 6 个月的羽叶砷含量

不同粒径混合矿样种植蜈蚣草生长 6 个月后其羽叶部位吸收砷含量如图 6-4 所示。

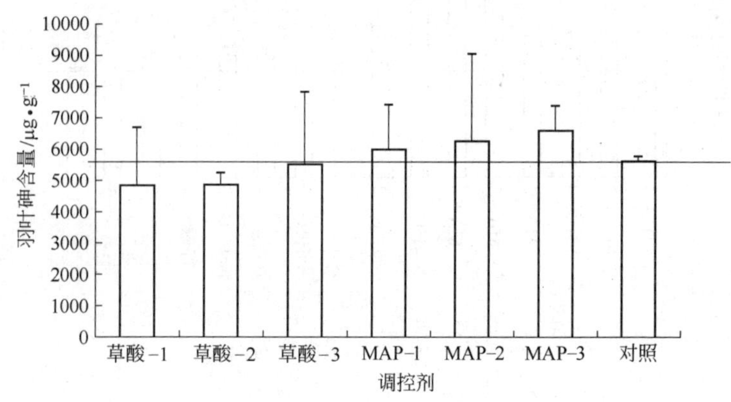

图 6-4 不同条件下生长 6 个月蜈蚣草茎叶中砷含量（$n=5$）

从图 6-4 中可以看出：随着草酸和磷酸二氢铵调控浓度的提高，蜈蚣草羽叶内积累砷的能力逐渐增强。但是用草酸处理的蜈蚣草对砷的提取能力与对照相比有所降低，而磷酸二氢铵处理下蜈蚣草羽叶砷含量均比对照有显著增加（$P=0.044<0.05$），表明磷酸二氢铵对砷的活化作用以及促进砷向蜈蚣草地上部位转移均有较大作用。

6.3.2.5 不同条件下蜈蚣草富集系数与转运系数

富集系数反映了植物对某种重金属元素的积累能力，富集系数越大，超积累能力越强。而转运系数（TF）则体现植物从根部向地上部运输重金属的能力。在本部分研究中，因为蜈蚣草属于移栽，尤其是生长6个月的蜈蚣草移栽于大屯锡尾矿蜈蚣草修复基地，利用剪掉重新萌发的羽叶测定砷含量，可以准确反映蜈蚣草对金矿砷的去除，但是根部因为积累有原污染尾矿库的砷，因此没有进行根的砷含量测定，而是等待继续萌芽除砷。因此这里的富集系数利用地上部和金矿基质进行比较，而不包括根部的砷含量。

BFC（富集系数）= 植物地上部某种元素含量/土壤中该种元素的含量

TF（转运系数）= 植物地上部某种元素含量/植物根部该种元素的含量

根据对实验数据的分析，计算得出蜈蚣草在金矿上生长富集与转运系数如图6-5所示，结果表明在不同调控处理下、生长不同时间的蜈蚣草的富集系数变化较大，但是转运系数都大于1表现出较好的对砷的向上转运能力。

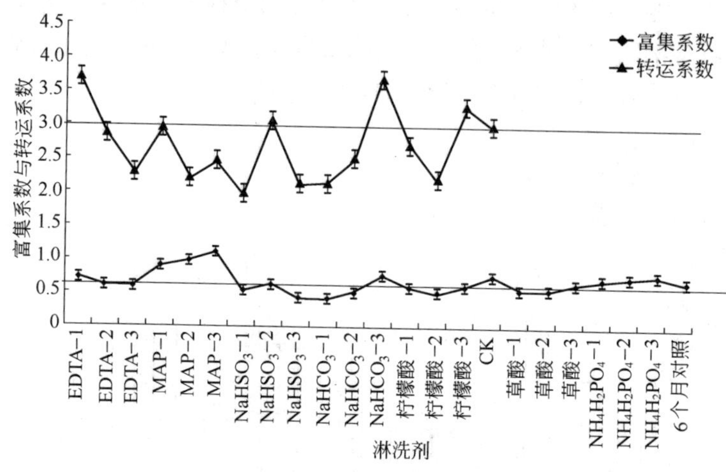

图6-5 不同处理下蜈蚣草对金矿砷的富集系数与转运系数（$n=5$）

从图可以看出，在低浓度的EDTA-Na_2和磷酸二氢铵、中浓度的亚硫酸氢钠、高浓度的碳酸氢钠和柠檬酸处理下，蜈蚣草的转运系数高于对照，表现出更好的向地上部转运砷的能力，但是只有柠檬酸处理下有显著差异，表明柠檬酸对于调控蜈蚣草除砷效果较好。

6.3.3 不同条件下蜈蚣草砷去除总量

6.3.3.1 生长1个月的蜈蚣草地上部砷去除总量

结合蜈蚣草干重以及茎叶的砷含量，计算得出不同处理下蜈蚣草去除金矿中As的总量如图6-6所示。由图可以看出，加入各种活化剂以后，蜈蚣草吸收砷的量都有不同程度的增加。其中在EDTA-Na_2、碳酸氢钠和硝酸铵的处理下随着浓度增加蜈蚣草砷去除总量呈现先下降再增加的趋势，而在亚硫酸氢钠处理下随着浓度的增加As去除量呈现下降趋势，对于柠檬酸和磷酸二氢铵调控下则显示出随浓度增加而先增加而后下降的趋势。在硝酸铵低浓度和柠檬酸的中浓度处理下去除量分别达到了1mg以上，成为实验范围内蜈蚣草砷去除效率最大的两种处理情况。而且，在柠檬酸各浓度处理下的平均去除量最大，表明柠檬酸对于含砷金矿的蜈蚣草除砷调控有较好的效果。

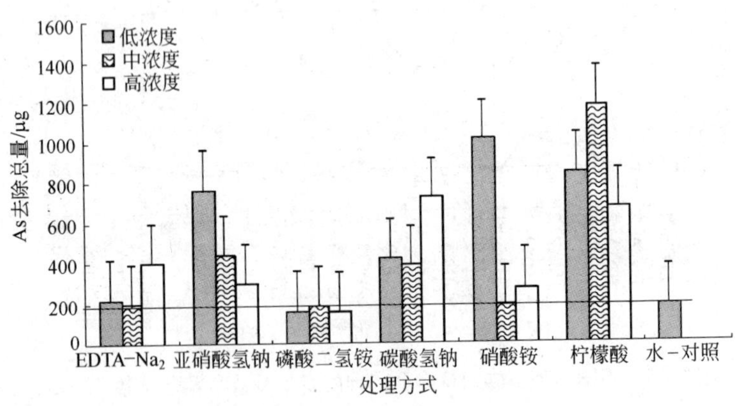

图6-6 不同条件下蜈蚣草生长1个月地上部砷的去除总量（$n=5$）

统计分析表明，蜈蚣草吸收累积去除金矿砷的总量在磷酸二氢铵处理下和其他试剂处理有显著差异，但与对照没有显著差异。而硝酸铵、亚硫酸氢钠和柠檬酸处理下蜈蚣草提取总量明显高于对照处理水平，并且和对照相比存在显著差异。由此可见，对于加大含砷金矿植物除砷预处理应该从提高植物生物量和提取效率两个方面来进行。

柠檬酸处理下之所以可以达到较高的去除效率，在于矿样本底微碱性，而施用柠檬酸，其酸性适度中和了原有矿样的碱性条件，使得矿样中的 Ca、Mg、As 等元素有效态含量都有所增加，从而使喜钙质土的蜈蚣草的生物量和 As 吸收提取效率分别有了不同程度的增加，且对生物量的影响比对吸收效率的影响更大。碳酸氢钠因为碳酸根离子的不稳定，呈弱碱性。雄黄、雌黄都是能溶于碱的物质，所以对于砷的吸收调控效果比生物量更好。

6.3.3.2 不同处理下生长 3 个月的蜈蚣草地上部砷去除总量

生长三个月后，结合蜈蚣草地上部干重以及茎叶的砷含量，计算得出不同处理下蜈蚣草去除金矿中 As 的总量如图 6－7 所示。由图可以看出，与对照相比，除磷酸二氢铵（MAP）和柠檬酸处理明显提高了蜈蚣草去除砷总量外，其余活化剂处理影响不显著。这说明在植物除砷预处理调控过程中针对蜈蚣草自身的超积累特性，活化金矿砷的有效性和促进其生长，都是非常重要的，这样才能够取得较好效果。

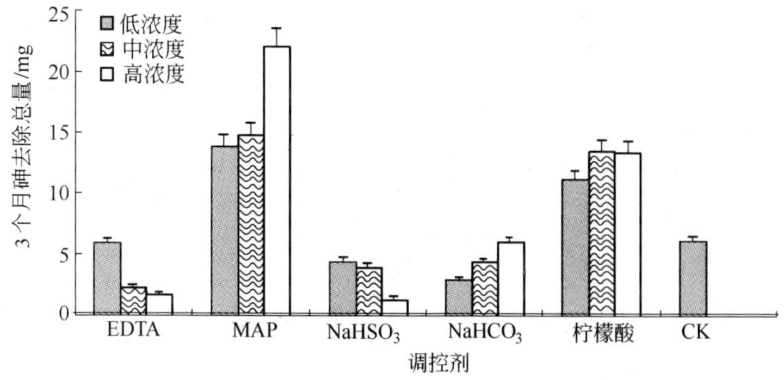

图 6－7 不同条件下蜈蚣草生长 3 个月地上部砷的去除总量（$n=5$）

另外也可以看出，生长3个月的蜈蚣草羽叶砷去除量比生长1个月时有所增加。单就空白对照来分析，三个月的砷含量（$P=0.004<0.01$）、羽叶质量（$P=0.046<0.05$）和砷去除总量（$P=0.0014<0.01$）均比1个月时有显著或极显著的提高，说明生长时间过短不利于植物去除效率的提高。而对于同类试剂调控的不同时间比较发现，除柠檬酸和亚硫酸氢钠外，其余试剂调控下3个月比1个月的砷去除总量有显著提高，这主要归功于生物量增加。而就砷吸收效率来讲，只有磷酸二氢铵处理下达到了显著差异（$P=0.044<0.05$），这也说明调控剂进入金矿会逐步与金矿中原有物质发生化学反应，尤其是与砷化合物发生氧化还原、置换等反应加大砷有效性，以促进蜈蚣草对砷的吸收积累。

6.3.3.3 不同粒径混合矿样种植蜈蚣草生长6个月的茎叶砷去除总量

利用不同粒径矿样组合种植蜈蚣草，在自然生长5个月后，浇灌10d进行调控，待生长满6个月收割蜈蚣草，通过蜈蚣草羽叶砷含量与羽叶质重乘积计算蜈蚣草羽叶去除砷总量，结果如图6-8所示。

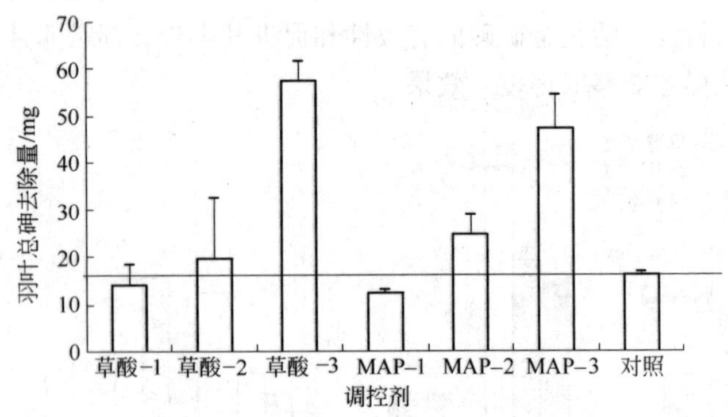

图6-8 各处理下蜈蚣草生长6个月地上部砷的去除总量（$n=5$）

从图6-8可以看出，在中高浓度的草酸和磷酸二氢铵处理下蜈蚣草羽叶砷去除总量比对照有所提高，但是只有高浓度的磷酸二氢铵（0.015mol/L）处理下与对照相比达到了显著差异（$P=0.041$，$0.048<0.05$）。这一方面说明磷酸二氢铵对于金矿砷具有活化作用的同时兼有肥料促进生长的作用，因而还有待进一步提高浓度，研究其调控作用的上限。对比羽叶砷含量，虽然草酸处理下砷含量均比对照有所降低，但是因其生物量高，从而去除总量在中高浓度下相比对照有所提高，因此外加草酸对于金矿营养物质溶解促进植物生长有较好作用。

从未经调控的空白来看，对在细磨矿样上生长3个月和在配比矿样上生长6个月的蜈蚣草砷吸收率及去除总量作显著性差异分析，其砷去除总量无明显差异，但是羽叶中砷吸收率则是细磨矿样上生长3个月比颗粒配比矿样上生长6个月的有显著增加（$P=0.033<0.05$），表明细磨矿样中微细粒的毒砂等砷化合物能够被打碎，有利于蜈蚣草对于砷的吸收，而不同粒径配比的矿样中，由于部分砷矿物未被打碎，仍然处于黄铁矿等包裹中，从而不利于蜈蚣草吸收砷。

就0.010mol/L磷酸二氢铵调控来看，生长在细磨矿样3个月的砷吸收率和砷去除总量与6个月均没有显著差异，说明在两种粒径组成的基质上磷酸二氢铵促进砷去除的能力无明显差异，但是3个月的羽叶干重比6个月的明显小，一方面由于生长时间的不同，另外一方面表明在不同粒径配比的矿样基质通气透水性比较好，对蜈蚣草生长比较有利，因而其羽叶干重较大。

6.4 讨论

蜈蚣草在细磨矿样上和不同粒径配比的矿样上均能够正常生长，并且其地上部位生物量（羽叶干重）随着生长时间的延长而不断增加，表现在株高和羽叶数均有所增加，但是在3个月以后出现生长减缓趋势，即新萌发芽数目减少，株高增长减慢，因此可以把蜈蚣草收割时间确定在生长满3个月时，这样可以不断刺激它萌发新芽，加速对砷的去除。

在生长 1 个月时，各试剂处理下羽叶砷含量差异不明显，但是砷去除总量则在部分试剂间有显著差异，例如柠檬酸处理比 EDTA-Na_2 调控效果好，二者有显著差异（$P = 0.02 < 0.05$），而磷酸二氢铵则与其他处理均有显著差异。张广莉等研究表明，根际土壤中，磷砷共存下根分泌物中有机酸比单一加砷时多。根系分泌物主要通过竞争吸附、酸化溶解、还原作用和螯合作用活化土壤中的 Al-As，Fe-As，从而减少 Al-As，Fe-As，增加 Ca-As。而结合第五章淋洗活化实验可以看出，柠檬酸和磷酸二氢铵分别可以较好的把金矿砷由残渣态向结合态、离子态逐级转化，因此二者对于蜈蚣草除砷有较好的调控作用。

在环境中，砷的转化、迁移和毒性很大程度上受砷存在的化学形态的影响。因此调控蜈蚣草除砷，是通过添加化学配位体，提高砷的生物有效性，促进蜈蚣草吸收积累砷。除 $FeAsO_4$ 和 $AlAsO_4$ 因难溶外，蜈蚣草能有效去除添加在土壤中的 NaMMA、CaMMA、K_2HAsO_4、$NaAsO_4$ 和 $Ca(AsO_4)_2$ 等形态砷。在本次选定金矿中砷主要以毒砂等硫化物形式存在，氧化物形态砷只占 3.53%，而通过矿样砷形态分析表明残渣态砷含量占 81.94%，因此调控蜈蚣草就是要加速矿石风化和砷的活化。

植物对于不同形态砷的吸收利用能力不同。植物对土壤中各种形态砷的吸收能力为水溶性砷 > 亚砷酸钙 = 亚砷酸铝 > 亚砷酸铁。As(Ⅴ) 较 As(Ⅲ) 的附着能力强，移动性弱，毒性相对较小。多数研究认为 PO_4^{3-} 或 MoO_4^{3-} 可替换土壤已吸附的 As，同时土壤中的 P 也会显著地抑制土壤（特别是黏土矿物）对 As 的吸附。本研究结果磷酸二氢铵处理下蜈蚣草除砷效率有显著增加，很可能由于在根际土壤中，磷砷共存下根分泌物中有机酸比单一加砷时多，而根系分泌物主要通过竞争吸附、还原作用、酸化溶解、螯合等作用活化土壤中的 As，因此磷酸二氢铵通过改变植物根系分泌物来调控蜈蚣草对于砷的积累能力。

张广莉等对根际无机砷的形态分布研究表明，砷在根际呈富集状态；在根际环境的作用下，红棕紫泥中，磷的加入加剧了砷由相对无效态砷 Fe-As 和 Al-As 向有效态砷 Ca-As 和 Al-As（水溶态砷及松结合态砷）的转化，砷对水稻的毒性增强。本矿样 pH＝7.5，呈微碱性，通过加入调控剂以及蜈蚣草根系分泌物，矿样中发生竞争吸附、还原作用、酸化溶解、螯合等作用，促使砷活化被蜈蚣草吸收。有研究表明蜈蚣草根系分泌物主要是植酸和草酸，两种酸对土壤主要含砷矿物砷酸铁（Fe-As）和砷酸铝（Al-As）及砷污染土壤中的砷有显著的溶解释放作用。本研究中外加草酸虽然没有明显提高蜈蚣草羽叶砷含量，但是中高浓度下砷去除总量仍比对照有所增加，表明草酸对于蜈蚣草除砷同样有调控作用。

从生物量来看，柠檬酸浇灌的植物平均生物量最大，存活羽叶数最多，随着柠檬酸浓度增加生物量呈现先增加后下降的趋势，这有可能是由于柠檬酸是三元酸，可以调控矿样 pH 值，使得在柠檬酸中浓度的情况下，矿样的 pH 值为蜈蚣草生长的最适 pH 值，营养吸收效果最好，而酸度再高，可溶态砷增加了对蜈蚣草根系的毒害作用，从而限制了根系的生长，使得根部与地上部总干重下降；而亚硫酸氢钠处理的植物，则随着亚硫酸氢钠的浓度增加而减小，可能与钠盐毒害作用有关。其中磷酸二氢铵为蜈蚣草提供了磷肥和氮肥，它所浇灌的蜈蚣草羽叶数明显增多，生物量明显增加。但是同样作为肥料的硝酸铵却没有存活 3 个月的羽叶，其原因有待进一步探究。这些都可能与施加调控剂后蜈蚣草生长基础——含砷金矿矿砂的 pH 值、养分释放等有关系。

砷与磷为同族元素，前者对于植物是否为必需元素还存在争议，但是其含量高对植物毒性较强，而磷是一种植物必需的大量营养元素。早期的研究表明，对于砷的耐性植物和大多数非耐性植物而言，磷和砷的植物吸收表现出拮抗作用。后来的研究结果表明，砷超富集植物蜈蚣草对 As(Ⅴ) 的吸收也是通过磷吸收系统而进行的。然而，陈同斌等人通过盆栽实验发现，土培试验中添加低浓度的磷（400mg/kg 以下）对蜈蚣草地上部和地下部的含砷浓度没有明显影响，但添加大量磷（400mg/kg 以上）则会使蜈蚣草地上部和地下部的含砷浓度和地上部总含砷量明显升高，因此在砷超富集植物——蜈蚣草中，磷与砷的吸收之间并不存在拮抗效应，在高浓度时（800mg/kg 以上）甚至表现出明显的协同效应。随后，陈同斌等人利用 XRF 技术从细胞水平上进一步证实，在砷超富集植物蜈蚣草和大叶井口边草的根、叶柄和羽叶不同组织的细胞中磷和砷的浓度呈现较好的正相关关系，表明在砷超富集植物中，磷和砷的转运也不存在拮抗作用。本实验中磷酸二氢铵对蜈蚣草除砷调控效果较好，分别在砷积累量和生物量两方面有促进作用，因此本结论支持这一观点，即就蜈蚣草而言磷与砷不存在拮抗作用，甚至有一定的协同作用。

陶玉强等人选取 3 种砷污染土壤，利用草酸钾在 pH = 5. 5 时提取污染土壤中的砷，其结果表明在草酸盐从 0 ~ 10. 0mmol/L 浓度范围内，土壤 As(Ⅲ)、As(Ⅴ) 的释放量随草酸盐浓度的增加而增大，土壤中砷的释放量随提取时间的增加而增加，在提取 6h 左右达到最大砷释放量，As(Ⅴ) 释放量比 As(Ⅲ) 释放量大。而且发现土壤中 Fe-As、Al-As 的共同释放量与砷的释放量存在显著的线性关系。本实验中用草酸调控的蜈蚣草提砷规律与上边一致，即随着草酸浓度的增加，蜈蚣草羽叶砷含量有所增长，但是其均值均低于对照，究其原因可能是蜈蚣草在本来中碱性基质上生长良好，外源草酸的输入使基质发生变化，蜈蚣草根系生长及其周围微生物菌群需要一段适应时间，而在蜈蚣草还没有完全适应的情况下就进行了收割，所以影响了对砷的吸收积累，另外也可能由于浇灌时为防止酸度过强，对蜈蚣草根系造成伤害，从而距离根际较远，在短短的 10 天内收获，还没有充分发挥草酸的调控作用，使得蜈蚣草羽叶砷含量没有明显增加。

6. 5 本章小结

（1）蜈蚣草在细磨和混合粒径配比的含砷金矿中均能够正常生长，在自然生长条件下，随着生长时间的延长，蜈蚣草生物量及砷去除量有显著、极显著差异。从加快去除金矿砷含量的角度来看，生长3个月收割蜈蚣草可以达到较好的效果；就羽叶砷含量来看各试剂处理下均与对照有显著、极显著差异，而砷去除总量则除磷酸二氢铵和硝酸铵外与对照有显著差异，可见提高超富集植物生物量对于砷的去除也有较大作用。

（2）就未经调控的对照来看，综合生长1个、3个和6个月的三批蜈蚣草羽叶砷含量，可以看出，随着生长时间的延长，蜈蚣草羽叶砷含量及其干重均有显著增加，从而使得砷去除总量随着生长时间延长而明显增多。就羽叶砷含量来看，随着时间延长有极显著增加（$P=0.0004<0.01$），而蜈蚣草干重在3个月时比1个月时有极显著提高（$P=0.042<0.05$），就砷去除总量来看，3个月和6个月均必1个月有极显著提高（$P=0.001$，$0.006<0.01$）。生长6个月的蜈蚣草砷去除总量与生长3个月的无明显差异，但是在磷酸二氢铵调控下羽叶中砷含量则是3个月比6个月的明显多（$P=0.033<0.05$），表明细磨矿样中微细粒的毒砂等砷化合物能够被打碎，有利于蜈蚣草对于砷的吸收，而不同粒径配比的矿样中，由于部分砷矿物未被打碎，从而不利于蜈蚣草吸收砷。因此用蜈蚣草除砷处理金矿石生长时间不宜太短，以3个月为宜，而且矿样应以细磨为主。

（3）细磨矿样有利于砷的暴露，方便活化浸出，但是不同粒径配比的矿样可以避免细磨矿样的过分黏结，保证一定的通气透水性，有利于植物存活与生长，对提高生物量有较大作用。

（4）不同调控剂对于金矿砷的活化效果不同，从生长3个月来看，柠檬酸对于生物量的增加效果更明显，对于砷吸收率的增加效果不突出，而磷酸二氢铵对于生物量和砷吸收率的增加效果均较明显。亚硫酸氢钠和碳酸氢钠对于砷的活化、生物量的增加均没有很明显的效果，但是在1个月内对砷去除总量有较明显的调控作用。$EDTA\text{-}Na_2$ 对金矿除砷的调控效果不理想。

综上所述，在以后的研究中，应该重点研究高浓度的柠檬酸、磷酸二氢铵和草酸等对金矿除砷的调控作用与机理。

7 蜈蚣草除砷前后金矿砷形态及氰化浸金

7.1 引言

蜈蚣草有一定的活化土壤中砷、提高砷有效性的能力，但是蜈蚣草对金矿的预处理效果主要取决于其在金矿上生长过程中砷形态变化、预处理前后金矿砷的物相结构变化。鉴于氰化浸出目前仍是黄金浸出的主流方式，而砷、锑、碳、硫等元素均会影响金的浸出，本研究所用兴仁含砷金矿矿物中 Sb 含量较少，对于金的浸出影响较小；C、S 含量较高，但是 C 多为碳酸盐形式，对于金的浸出影响不大，因此 As、S 为对金浸出明显有害的物质。其中 S 也是植物必需的营养元素，可以被蜈蚣草进行部分吸收去除，因此，本章仅对砷在植物除砷过程中的形态变化、物相结构变化作理论分析，初步探讨不同试剂处理后金氰化浸出效率的变化，以指导调控植物除砷，分析不同条件对蜈蚣草除砷效率影响，提高后续氰化浸出的效率。

7.2 材料与方法

7.2.1 种植蜈蚣草前金矿样品砷分级形态分析

利用均匀筛选细磨的金矿样品（-200 目占 80%）进行砷形态分析。其具体分析程序如图 5-1 所示。分级滤液用氢化物发生-原子吸收光谱法测定，每组处理 3 个重复。

7.2.2 种植蜈蚣草后根区和非根区金矿样品砷分级形态分析

利用细磨的金矿矿粉（-200 目占 80%）种植蜈蚣草，生长4个月后，进行随机根区和非根区矿样采集，根区矿样在蜈蚣草根系周围3mm内采集，而非根区矿样在蜈蚣草根系外围5cm处采集，均采集混合样品，之后对根区和非根区矿样进行砷形态分析。其具体分析程序如图5-1所示。分级滤液砷测定方法同前，每组处理3个重复。

7.2.3 种植蜈蚣草后根区金矿样品XRD物相分析

利用细磨的金矿矿粉（-200目占80%）种植蜈蚣草，自然生长4个月后，收获蜈蚣草的同时把其根部黏附矿样抖落收集作为根区矿样（根区矿样在蜈蚣草根系周围大约3mm内），之后送到昆明市冶金研究院进行根区矿样砷物相形态分析。其具体分析程序与原矿测试方法相同。每组处理3个重复。昆明市冶金研究院的X射线衍射仪是日本理学3051升级型（Rigaku）（种植前原矿样品XRD物相分析见4.2.3小节金矿样品矿石矿物组成分析）。

7.2.4 蜈蚣草预处理前后柱状氰化堆浸实验

为评价蜈蚣草除砷预处理对于金浸出的直接效果，采用原矿直接氰化的最佳实验参数进行预处理后矿样的氰化浸金。即取调控种植蜈蚣草4个月后矿样100g于柱状堆浸装置中，利用5 kg NaCN在pH=12下连续喷淋浸出48h，浸出液利用活性炭吸附石墨炉测定。本试验在山东招金集团完成。

7.2.5 数据处理

数据处理及统计分析采用SPSS17.0和Excel 2003进行。

7.3 实验结果

7.3.1 种植蜈蚣草前金矿样品砷有效性形态分析结果

重金属的植物有效性是指重金属能对植物产生毒性效应或被植物吸收的性质,与重金属在土壤中的存在形态有关。矿样中砷的提取效率不仅与其含量有关,而且与砷的有效性和结合形态有关。通过采用前述武斌的连续提取方法分析金矿砷形态含量如表7-1所示。

表7-1 金矿原矿不同形态砷含量及砷相对百分含量

项 目	水溶态	离子态 ion	Al-As 结合态	Fe-As 结合态	Ca-As 结合态	残渣态 Res.
含量/mg·kg^{-1}	0.035 ± 0.007	3.86 ± 1.85	449.63 ± 4.76	132.12 ± 6.67	949.43 ± 65.47	6964.97 ± 65.43
相对百分含量/%	0.004	0.045	5.29	1.555	11.17	81.94

从表7-1可以看出，金矿砷有效性较低，速效态砷含量占总砷的万分之五（0.05%），直接供给植物吸收能力较差。针对石灰性土壤的研究表明，石灰性土壤中砷以Ca-As最高，其次是Fe-As和Al-As。本矿样含有大量方解石、菱镁矿及铝硅酸盐黏土矿物等成分，因此结合态砷以Ca-As、Al-As为主，Fe-As含量较少，而矿样pH值为7.5左右，接近中性，略微偏碱，性质和石灰性土壤类似，结果也比较一致。魏显有对土壤的研究结果也表明，酸性土壤中以Fe-As为优势，碱性土壤中以Ca-As占优势。所选金矿样品残渣态砷含量巨大，占总砷81.94%，有必要进一步寻找活化方法促进其活化为植物有效态。作为选定的贵州兴仁金矿为原矿，其硫化物含量高，因此残渣态的砷主要以毒砂、雌黄、雄黄等形式存在，在自然过程作用下这些矿石风化较慢，因此需要植物根系和人工添加试剂等促进其转变为有效态。

对比表4-4的矿样As物相分析结果可以看出，虽然氧化物态砷只占总砷的3.53%，硫化物砷占96.47%，即三氧化二砷、砷酸盐、亚砷酸盐含量很低，但是部分硫化物砷如毒砂、雌黄和雄黄等也具有Al-As、Fe-As和Ca-As结合态的可浸提性，因此寻求活化剂进行金矿砷的活化，调控蜈蚣草除砷是可行的。

7.3.2 种植蜈蚣草后根区和非根区金矿样品砷形态分析结果

在细磨含砷金矿样品上种植蜈蚣草，生长4个月后收割蜈蚣草，并把蜈蚣草根际吸附矿样单独抖落作为根区矿样，把远离蜈蚣草根系的矿样作为非根区矿样，对根区和非根区矿样进行砷形态测定分析，得到种植蜈蚣草前后根区、非根区不同形态砷含量百分比结果如图 7 -1 所示。

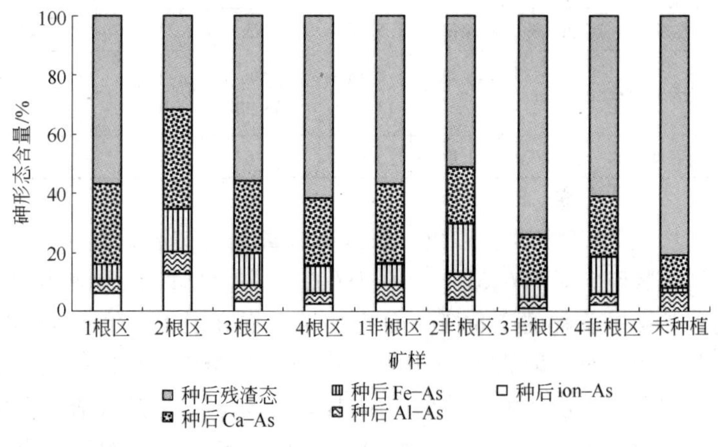

图 7 -1　蜈蚣草生长前后矿样不同形态砷相对含量

从图 7 -1 中可以看出，所有根区样品离子态含量均比非根区矿样高，而且根区矿样中残渣态砷含量比非根区有较明显下降，种植后矿样残渣态砷含量比原矿有较明显下降，说明通过蜈蚣草生长金矿砷有较好的活化作用，其原因可能在于蜈蚣草根系分泌物或者蜈蚣草生长加速金矿的风化氧化。

廖晓勇等人的研究指出，水溶态 As 和交换态砷 As 是土壤中可溶性砷或吸附在土壤颗粒表面的砷，其占总砷量的比例一般小于 3%。本研究，作为原生含砷金矿其砷主要以毒砂等硫化物形式存在，有效性很低，其中离子态砷含量仅占原矿万分之五。但是通过种植蜈蚣草并且生长 4 个月后，其各形态砷含量均有较大变化。种植蜈蚣草后，根区、非根区矿样砷形态含量及其相对百分含量见表 7 -2。

表 7-2 种植蜈蚣草 4 个月后金矿不同形态砷含量

项目	离子态 ion	Al-As 结合态	Fe-As 结合态	Ca-As 结合态	残渣态 Res.
根区砷含量/mg · kg^{-1}	424. 29 ± 322. 03	329. 15 ± 116. 45	625. 16 ± 201/22	1756. 09 ± 523. 22	3289. 08 ± 1132. 04
根区相对百分含量/%	6. 61	5. 12	9. 73	27. 33	51. 21
非根区砷含量/mg · kg^{-1}	189. 84 ± 97. 46	335. 13 ± 132. 14	652. 299 ± 239. 30	1453. 22 ± 616. 57	4054. 03 ± 1079. 42
非根区相对百分含量/%	2. 84	5. 01	9. 76	21. 74	60. 65

从表 7-2 中可以看出，根区矿样离子态砷含量显著增加，达到根区砷含量的 6. 61%，非根区的离子态砷含量也有所增加，达到矿样中总砷的 2. 84%，分别比原矿提高了 120 倍和 40 倍。说明蜈蚣草对于砷的活化作用相当突出，在金矿原矿这种风化程度小的矿样中依然可以活化砷，向体内运输转运。从残渣态含量看，蜈蚣草根区周围残渣态砷含量从原矿的 81. 94% 降低到 51. 21%，非根区残渣态砷含量也下降到 60. 65%，表明蜈蚣草根系分泌物对于金矿砷的活化作用及其生长对于金矿的风化作用都非常显著。

从图 7-1 和表 7-2 中还可以看出，蜈蚣草生长过程中其根系分泌物对于金矿基质砷的活化有一定效果，表现在离子态、结合态砷含量在根区比非根区略高，残渣态砷在根区比非根区略低，表明蜈蚣草根系有活化砷向其根系运输、吸收、转运的能力，同时由于蜈蚣草的吸收去除，使得根区周围残渣态砷含量、总砷含量比非根区有所下降。3 种结合态 As 共占总砷的 40% 左右，在结合态砷中，Ca-As 所占比例最大，其次是 Al-As 和 Fe-As，而且在根区和非根区 Fe-As 差异不明显，说明金矿中 Fe-As 对蜈蚣草的贡献较小，蜈蚣草更多的是把残渣态砷向 Ca-As 和 Al-As 形态活化，根区残渣态砷含量比原矿降低近 30%，非根区矿样残渣态砷含量比原矿降低近 20%。

7.3.3 种植蜈蚣草前后根区金矿样品 XRD 物相分析结果

蜈蚣草生长 4 个月后，进行收获，收集其根部黏附矿样到昆明市冶金研究院进行根区矿样物相形态分析。其分析结果如图 7－2 所示（counts per second，每秒的计数点，简写 CPS）。

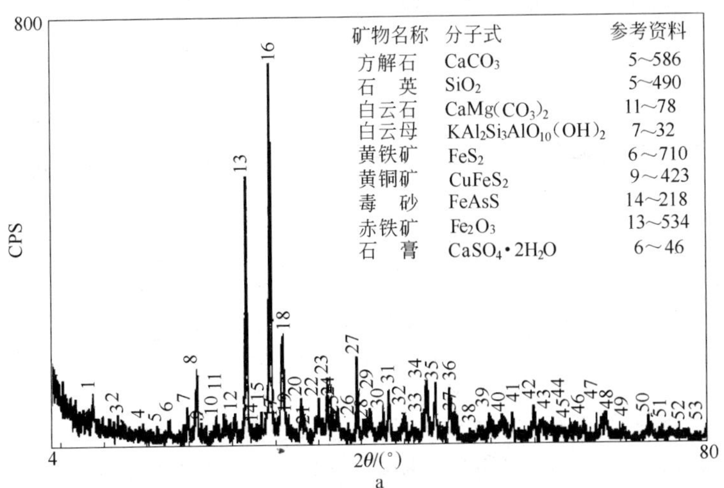

a

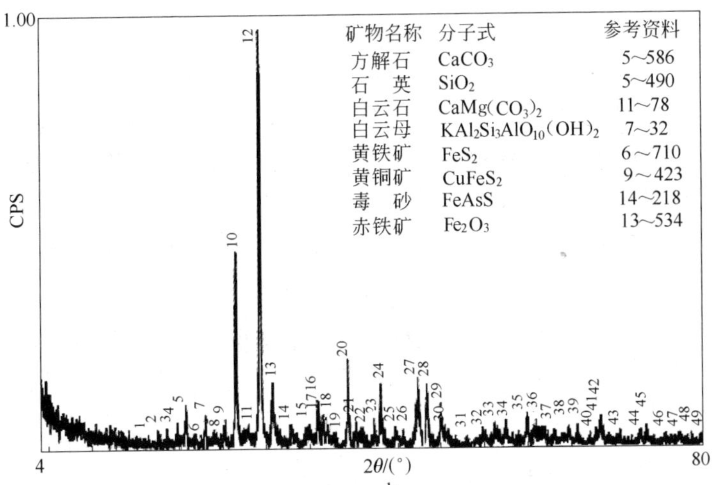

b

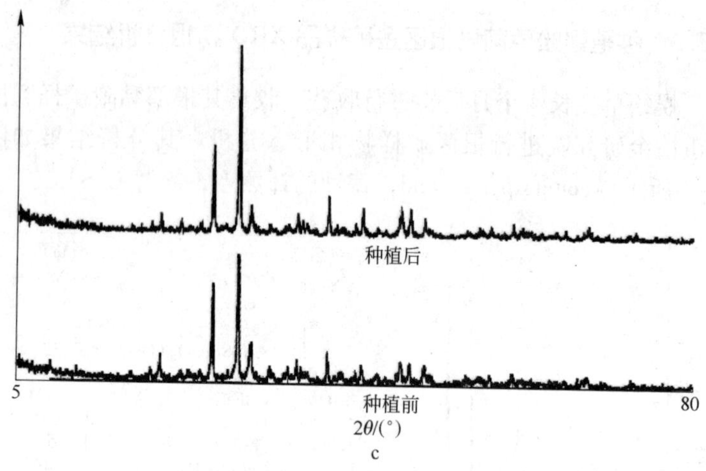

图 7-2 种植蜈蚣草前后矿样 XRD 物相分析
a—原矿物相形态分析；b—种植蜈蚣草后物相形态分析；
c—种植蜈蚣草前后物相形态对比

从图 7-2 中可以看出蜈蚣草生长过程中其根系分泌物对于金矿物相形态分布没有显著影响，但是矿物组成的各形态含量均有所变化。

原矿矿样平均样品的矿物组成有方解石、石英、白云石、白云母、水云母、黄铁矿、黄铜矿、毒砂和赤铁矿、石膏等。由水析分离样品挑选矿物分析，可知矿样中的金属矿物主要以硫化矿物形态存在。种植蜈蚣草后平均样品的衍射效应与原矿样相同，矿样的矿物组成也相同。按照部颁标准对碾磨矿样平均样中含有元素做化学分析。原矿和种植蜈蚣草后矿样化学分析如表 7-3 所示。

表 7-3 种植蜈蚣草前后矿样化学分析 (%)

元素	Al_2O_3	SiO_2	CaO	MgO	S	Cu	Fe	As
原矿	10.35	31.42	18.35	1.5	3.58	< 0.1	5.17	1.32
种后	7.97	28.46	18.13	1.60	2.85	< 0.1	5.56	0.91

由表 7－3 可以看出，通过蜈蚣草种植生长，矿物成分 Al_2O_3、SiO_2、CaO、MgO 和 S 含量均有所下降，是由于蜈蚣草的生长，加速了金矿风化过程，金矿硫化物氧化加快造成的，但是随着蜈蚣草吸收部分营养元素如 N、P、S 的进行，矿样的黄铁矿和毒砂中的 Fe 进一步氧化风化，相对含量有所上升，而 As 含量则由于蜈蚣草的吸收，在矿样元素含量分析中有所下降。

矿样水析细部分样品经衍射分析矿物组成，有石英、白云石、白云母、水云母和赤铁矿，衍射分析结果见图 7－3a。

矿样水析重部分样品有褐色片状和黑色具有金属光泽两种矿物，经衍射分析褐色片状矿物含有石英、白云母、水云母、方解石、白云石和赤铁矿，黑色具金属光泽样矿物以黄铁矿为主，含有毒砂和黄铜矿，共生矿物有石英、方解石和白云石。衍射分析结果见图 7－3b、c。

根据两矿样的矿物组成，化学分析结果综合平衡，两矿样的矿物定量分析结果见表 7－4。

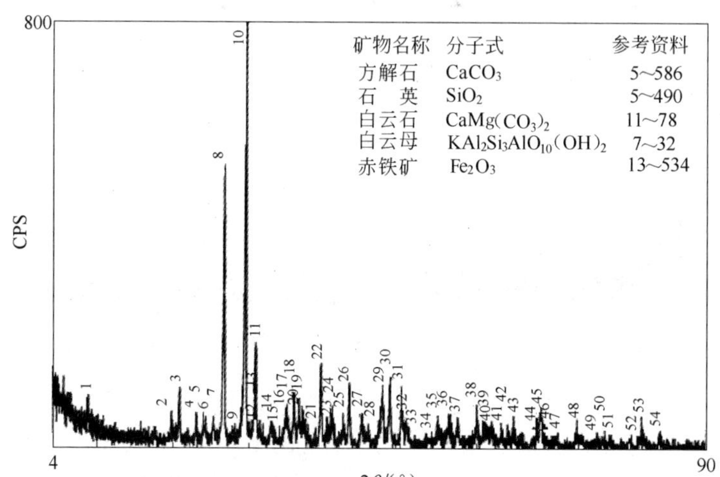

a

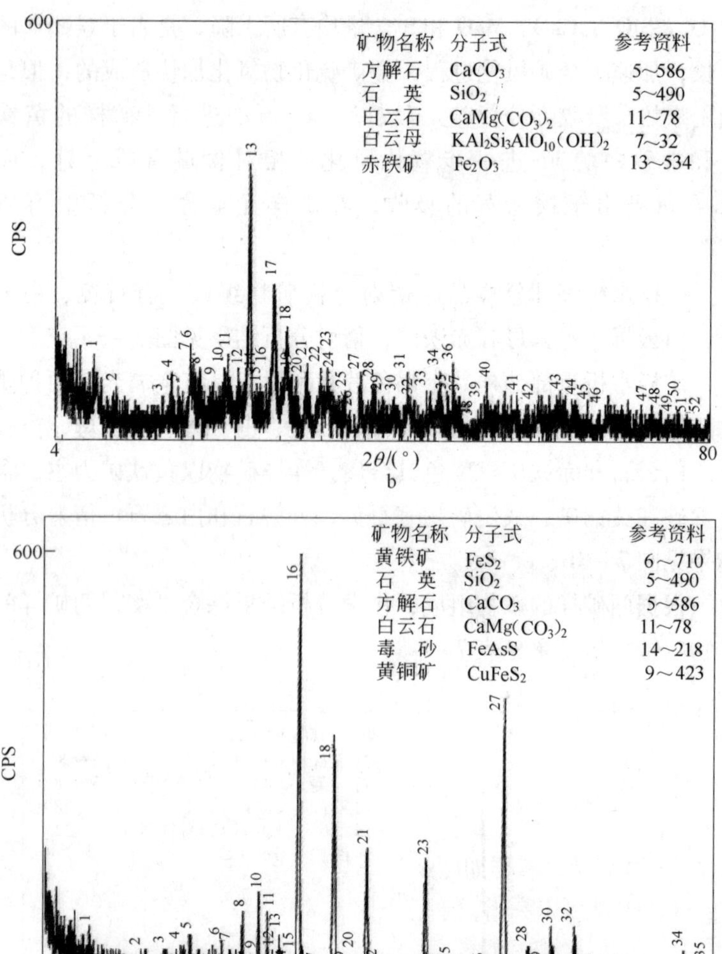

图 7-3 原矿水析部分矿样 XRD 物相分析

a—矿样水析细部分样品；b—矿样水析重部分样品——褐色片状矿；c—矿样水析重部分样品——黑色颗粒状矿物

表 7-4 种植蜈蚣草前后矿样化学分析 (%)

矿物名称	方解石	石英	白云石	白云母、水云母	黄铁矿
分子式	$CaCO_3$	SiO_2	$CaMg(CO_3)_2$	$KAl_2Si_3AlO_{10}(OH)_2$	FeS_2
原矿	33.31	19.24	6.72	27.93	5.51
种后	32.75	19.08	6.86	25.80	4.50
矿物名称	黄铜矿	毒砂	赤铁矿	石 膏	其他
分子式	$CuFeS_2$	FeAsS	Fe_2O_3	$CaSO_4 \cdot 2H_2O$	—
原矿	0.23	2.83	2.23	≤1.00	1.00
种后	0.21	1.94	3.86	—	5.00

定量分析结果表明，种植蜈蚣草前后矿样的矿物组成基本相同，但矿物含量有所变化，通过蜈蚣草的吸收，矿样中的 As、S、Ca、Mg、Fe 均有所降低，其中毒砂减少约 0.9%，毒砂分子量 162，换算砷含量减少约 0.42%。

同时可以看出通过种植蜈蚣草后，矿样氧化物明显增多，如 Fe_2O_3 含量有所增加，而 FeS_2 有所降低，说明随着蜈蚣草的生长，矿样风化加快，FeS_2 被氧化为 Fe_2O_3，而因为矿物中砷及部分营养元素含量降低，所以 Fe 的含量比例有所提高。

7.3.4 蜈蚣草除砷前后金矿样品氰化浸金结果

利用原矿和种植过蜈蚣草的矿样进行氰化浸出实验，通过上述方法得出金浸出效率如图 7-4 所示。

由图 7-4 可以看出，未经种植植物的原矿金浸出率最低，只有 34.21%，而种植过蜈蚣草的矿样金浸出效率可以提高 12% ~ 18%，其中利用柠檬酸调控的蜈蚣草处理后矿样金浸出效率最高，达到 52.54%。通过统计分析表明，与没有种植处理的原矿相比，利用磷酸二氢铵、亚硫酸氢钠和柠檬酸调控蜈蚣草除砷后金浸出效率有显著增加，其 P 值分别为 0.019，0.019 和 0.045。与种植蜈蚣草没有调控的相比，利用磷酸二氢铵、亚硫酸氢钠和柠檬酸调控蜈蚣草除砷后金浸出效率也有显著提高，其 P 值分

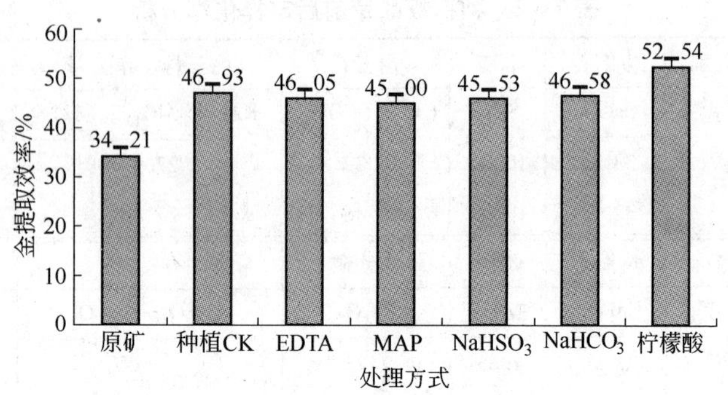

图 7-4 不同处理方式下金矿氰化浸出金效率差异

别为0.007，0.007 和0.019。结果说明利用前述三种试剂进行蜈蚣草除砷调控后对于金的浸提有明显效果，需要进一步进行大规模的试验。

7.4 讨论

依据武斌的形态划分方法，金矿中砷存在形态也可以分为以下五种：离子态（ion）、铝结合态（Al-As）、铁结合态（Fe-As）、钙结合态（Ca-As）和残渣态（Res.）。上述的 5 种砷形态中，离子态活性最高，迁移能力最强，最易被植物吸收。残渣态是完全不能被植物利用的，只有通过矿物的风化才能释放出来。因此对于金矿砷活化主要集中在对结合态砷的转化上。不同形态的砷处于动态平衡中，决定着重金属的迁移、活性和生物有效性。本矿样 pH 值 7.5，Ca 含量很高，性质与石灰性土壤类似。

按植物吸收的难易程度，可以将砷分为水溶性砷、交换态砷和难溶性砷。其中，水溶性砷和交换态砷可被植物吸收利用，称为可给性砷。高松等研究表明土壤中砷大部分会与铁、铝、钙离子相结合和沉淀，形成难溶化合物，根据难溶性砷化物的形态分为铝型砷、铁型砷、钙型砷和残渣态砷。涂从等研究表明，植物可吸收的砷形态因土壤而异，在石灰性土壤中以 Al-As、可交换态砷和水溶态砷为主，在非石灰性土壤中是 Fe-As 和 Al-As 对植物有一定的有效性。而在张广莉等研究中则认为 Ca-As 相对更松散，对于植物的有效性略高。金矿之中结合态砷的转化将成为调控的重点。

（1）本矿石钙含量很高，pH 值 7.5，与石灰性土壤接近，模拟石灰性土壤砷形态分级提取的方法，对金矿进行了离子态砷、结合态砷（Al-As、Fe-As 和 Ca-As）方法和残渣态砷含量的分析，结果表明，金矿残渣态砷含量极高，占矿物总砷的 81.94%，Ca-As 占 11.17%，水溶态砷和离子态砷总计不超过 0.05%，含量极低。这与宋书巧等对刁江沿岸砷污染农田的数据相似，后者闭蓄态砷含量占总砷的 65.76%，Ca-As 占 23.33%，水溶态砷占 0.37%。这与原矿的风化程度低，砷化合物难溶性有必然联系。另外，金矿 Ca 含量高，Ca-As 所占比重较大，在碱性土壤中 Ca-As 为松散结合态砷，对植物吸收有一定的有效性。

（2）金矿砷多以硫化物形态存在，通过 XRD 及光谱分析表明，其氧化物态仅占砷相对含量的 3.53%，而以硫化物形态存在的占 96.47%，因此对于金矿植物除砷重点针对其氧化物态进行活化调控。但是按照植物有效态分析提取方法表明残渣态仅占 81.94%，远小于其硫化物形态的 96.47%，这也就说明部分硫化物态的砷可能与结合态砷（Al-As、Fe-As 和 Ca-As）的性质相似，也就具有进一步被活化的可能性。

（3）种植蜈蚣草 4 个月后，与原矿种植以前相比，蜈蚣草根区、非根区的离子态砷含量、结合态砷含量均有明显提高，而残渣态砷含量则明显减少，表明植物对于残渣态砷向结合态砷转化、结合态砷向离子态转化有很大的作用，蜈蚣草根系分泌物对于金矿砷活化有显著的作用。另外除 Fe-As 外，根区的离子态砷、Al-As、Ca-As 均比非根区多，证明了蜈蚣草根系吸收营养及砷的同时对矿样中砷向根区移动有明显的作用。李文学等研究表明，多次收获并没有降低砷的积累速度，因此通过适当增加蜈蚣草的收获次数是提高金矿砷去除效率的一种策略。重新生长所需时间短，从而减少了植物的生长周期。这样通过长时间的蜈蚣草除砷后，金矿砷物相形态是否有明显变化，还需要进一步研究。

(4) 矿石直接氰化浸出效率很低，均低于 35%，因此必须进行预处理。同时矿石直接浸出提金过程中砷淋洗损失比例较高，容易伴随尾矿废水污染周围农田甚至地下水等，因此有必要进行除砷处理，以减少砷对环境的污染。

与未种植蜈蚣草的原矿以及种植蜈蚣草的对照（即没有加调控剂）相比，利用磷酸二氢铵、亚硫酸氢钠和柠檬酸调控蜈蚣草除砷后金浸出效率也有显著提高。表明利用前述三种试剂调控进行蜈蚣草植物除砷后对于金的浸提有明显效果，需要进一步进行大规模的试验。

由于蜈蚣草生长时间和氰化物购买的限制，论文研究只利用种植 4 个月的细磨矿样进行了氰化浸出实验，初步研究结果表明不同处理下金浸出效率有所不同，但是差异不显著，然而随着种植时间的延长，或者多次收割蜈蚣草以后，矿样中砷的不断降低，是否能够体现出金浸出率的差异性还需要进一步验证。另外金中除了砷影响金的氰化浸出之外，还有高含量的硫、碳以及金的微粒包裹形态等，因此纯粹的植物除砷后矿样氰化浸出能否达到较理想的浸提效果还需要进一步验证，蜈蚣草除砷后矿样金浸提效率及有效调控剂都需要进一步进行研究。

谷晋川研究结果表明，柠檬酸作为助浸剂可改善氰化浸出环境，提高浸出速度，缩短氰化浸出时间，降低氰化物用量。本研究下，柠檬酸调控的金矿样品金浸出效率提高最多，可能由于在金矿氰化浸出时，调控用的柠檬酸，既提高了蜈蚣草除砷效率，又使得残留的柠檬酸作为助浸剂，有助于金氰络离子的形成，促进金的浸出。因此有必要进一步对其进行详细研究，探究其活化砷的机理和促进金溶出的过程。

7.5 本章小结

（1）种植蜈蚣草后，与原矿种植以前相比，蜈蚣草根区、非根区的离子态砷含量、结合态砷含量均有明显提高，而残渣态砷含量则明显减少，表明植物对于残渣态砷向结合态砷转化、结合态砷向离子态转化有很大的作用，蜈蚣草根系分泌物对于金矿砷活化有显著的作用。根区残渣态砷含量下降了近30%，而非根区残渣态砷含量下降近20%。另外除Fe-As外，根区的离子态砷、Al-As、Ca-As均比非根区多，证明了蜈蚣草根系吸收营养及砷的同时对矿样中砷向根区移动有明显的作用。

（2）XRD定量分析结果表明，种植蜈蚣草前后矿样的矿物组成基本相同，但矿物含量有所变化。通过蜈蚣草生长吸收去除了一定的As、Ca、S，同时矿物中毒砂减少约0.9%，计算换算砷含量减少约0.42%。同时可以看出矿样通过种植蜈蚣草后，氧化物明显增多，如Fe_2O_3含量有所增加，而FeS_2有所降低，表明蜈蚣草预处理对于加速金矿风化、氧化有明显的作用。

（3）未经种植植物的原矿金浸出率最低，只有34.21%，而种植蜈蚣草4个月后的矿样金浸出效率可以提高12%~18%，其中利用柠檬酸调控的蜈蚣草处理后矿样金浸出效率最高，达到52.54%，柠檬酸对于金的浸出有促进效果。

8 主要结论及建议

8.1 研究结论

从文山州（WS）、红河州（PX、GT）、贵州兴仁金矿（XR）采集了细磨金矿样品，并且在4个调查矿区周边采集到38科105种植物和众多土壤样品，测试了金矿样品的砷、金含量和周边土壤及植物砷含量状况，从中选择砷、金含量较高的金矿作为研究对象，初步筛选一些砷超富集植物，为进行金矿植物除砷奠定基础。利用选定的砷、金含量均较高的贵州兴仁金矿进行砷形态分析、振荡淋洗活化试验和室内蜈蚣草栽培调控试验。选用EDTA-Na_2、磷酸二氢铵、亚硫酸氢钠、碳酸氢钠、硝酸铵、柠檬酸和丁二酸七种试剂各三个浓度梯度、三个振荡时间梯度进行淋洗活化实验研究，筛选出初步有效的金矿砷活化方法。利用前六种试剂各三个浓度对种植在金矿的蜈蚣草进行调控，筛选出能够促进蜈蚣草除砷的有效调控方法。并且对种植蜈蚣草前后部分矿样进行了氰化浸出研究，比较种植蜈蚣草及其调控方法对于金矿金浸出的影响。通过实验研究初步得出如下结论：

（1）通过对普雄金矿（PX）、官厅金矿（GT）、文山滑砂金矿（WS）和贵州兴仁金矿（XR）取样测定分析表明，普雄金矿、官厅金矿和文山滑砂金矿砷含量较低，分别在1757.64mg/kg、2427.71mg/kg、和3549.12mg/kg左右，金品位都低于1.4mg/kg，分布不均匀，不利于实验室内的浸提分析，因此没有进行进一步的研究。而贵州兴仁金矿矿样砷含量高达到0.85%，金品位约在3.8g/t，利用氰化法进行原矿直接浸出试验，金直接浸出效率仅为34%，浸出率低，有必要进行除砷预处理。因此选定贵州兴仁金矿作为植物除砷预处理的目标金矿，进行进一步的研究。

（2）选定的三个金矿区周围土壤均存在不同程度的砷污染，初步筛选出部分对砷有一定累积能力的植物，如密蒙花、珠光香青、小米菜和土荆芥等；另外部分矿区玉米、四季豆等农作物食品安全堪忧，因此有进一步筛选砷超富集植物从而进行植物修复的必要。尾矿库和尾矿复垦土壤还有微量金残留，有必要进行金的二次回收利用；初步筛选出青蒿对金有一定的累积能力，可以继续探索验证其是否对金具有超积累能力。

（3）从植物修复的角度研究了金矿样品砷形态分析，结果表明，作为选定的贵州兴仁金矿为原矿，其硫化物含量高，砷的有效性较低，结合态砷有转变为有效态的可能性，而残渣态含量巨大，且主要以毒砂、雌黄、雄黄等形式存在，在自然过程作用下这些矿物风化较慢，因此需要植物根系和人工添加试剂等促进其风化，从而使砷转变为有效态。通过施加淋洗剂进行振荡活化实验，发现磷酸二氢铵、亚硫酸氢钠、碳酸氢钠和柠檬酸分别在不同程度上对金矿砷有活化作用，可以在一定程度上促进残渣态砷向结合态转化，并且有效增加了离子态的砷含量，为强化植物修复奠定了基础。

（4）随着淋洗振荡时间的延长，各处理下的速效态砷含量均有所增加，其中振荡 1h 时，各淋洗剂可溶态与对照相比有显著提高，而在振荡 3h 和 20h 后，这种差异逐渐不明显。因此淋洗活化时没有必要选择过长时间，从节能高效的角度以 3h 为好。

（5）选用公认的砷超富集植物蜈蚣草进行金矿除砷。西南地区蜈蚣草能够自然生长，不存在植物入侵的风险，而且选定矿样砷、钙含量很高，pH = 7.5 左右，适于蜈蚣草的生长。通过种植调控实验表明，蜈蚣草可以在细磨含砷金矿原样基质上正常生长，因而可以用于金矿植物除砷预处理；实验过程中，柠檬酸、硝酸铵和磷酸二氢铵促进了蜈蚣草生长和生物量增加。使用 MAP 和碳酸氢钠为调控剂时，随着它们浓度的增加，蜈蚣草的砷吸收率也随之增加，用柠檬酸浇灌的蜈蚣草的生长状况比用碳酸氢铵浇灌的要好，生物量普遍偏高，而吸收率却普遍偏低，但是，柠檬酸调控下蜈蚣草的砷吸收总量比碳酸铵调控下高，这也说明在金矿上除砷要从生物量和提取率两个方面进行调控。

(6) 种植蜈蚣草后，与种植以前原矿相比，蜈蚣草根区、非根区的离子态砷含量、结合态砷含量均有明显提高，而残渣态砷含量则明显减少，表明该植物对于残渣态砷向结合态砷转化、结合态砷向离子态转化有很大的作用，蜈蚣草根系分泌物对于金矿砷活化有显著的作用。根区残渣态砷含量下降了 29.435%，而非根区残渣态砷含量下降了 19.995%。另外除 Fe-As 外，根区的离子态砷、Al-As、Ca-As 均比非根区多，证明了蜈蚣草根系在吸收营养及砷的同时对矿样中砷向根区移动有明显的作用。XRD 定量分析结果也表明，种植蜈蚣草前后矿样的矿物组成基本相同，但矿物含量有着变化。其中毒砂减少了 0.89%。

(7) 未经种植植物的原矿金浸出率最低，只有 34.21%，而种植蜈蚣草 4 个月后的矿样金浸出效率可以提高 12% ~18%，其中利用柠檬酸调控的蜈蚣草处理后矿样金浸出效率最高，达到 52.54%。与未种植蜈蚣草的原矿以及种植蜈蚣草的对照（即没有加调控剂）相比，利用磷酸二氢铵、亚硫酸氢钠和柠檬酸调控蜈蚣草除砷后金浸出效率也有显著提高。

8.2 存在问题与建议

8.2.1 存在问题

(1) 植物除砷之后，引入的调控试剂对于金矿砷的活化和蜈蚣草生长促进机理如何，还有待进一步研究。

(2) 对于初步筛选的本土砷、金积累性植物（蜈蚣草除外），需进一步通过野外采样和实验室培育验证其是否具备超积累能力。

(3) 用蜈蚣草吸收砷作为预处理的一种方法，它和细菌氧化预处理有同一种缺点，就是周期过长，如果能够为金矿中的蜈蜈蚣草引入共生微生物加速其吸收累积砷，则可以大大提高预处理效率。

（4）从实验数据中可以看出，用柠檬酸调控的蜈蚣草的生长状况比用碳酸氢钠调控的蜈蚣草生长状况要好，砷去除总量比碳酸氢钠调控的高。但是，后者的砷吸收率总体比前者的高。利用植物进行金矿除砷预处理，需要植物尽可能多地吸收活化后的砷，但是，不同的含砷金矿，其物相组成、化学性质是不同的，对活化剂的活化效果，所栽种植物的生长的影响也是不相同的。所以，在研究含砷金矿的活化植物富集砷时，先研究金矿的性质是很有必要的。而且，在实际生产中，我们还要考虑经济因素。例如碳酸氢钠的吸收率高，如果能够提高其生物量的话，那么，其砷的吸收量也就会有大量的增加。碳酸氢钠的成本比柠檬酸的低。所以，碳酸氢钠浇灌的蜈蚣草的生物量的提高还是有待进一步研究并应用的。

8.2.2 建议

（1）实验是在实验室盆栽条件下完成的，有必要在含砷矿区进行大面积的野外栽种试验，对蜈蚣草除砷效果进行研究。

（2）含砷金矿对于金的浸出有害因素还有很多，如砷、锑、硫、碳以及微粒包裹形态等。本书只对砷进行了去除研究，通过除砷对黄金浸出效率的提高效果仍有限，因此有必要进行其他因素的研究，例如通过蜈蚣草除砷的同时对营养元素钙、硫等的吸收去除，能否提高金的浸出效率。

（3）对蜈蚣草地上部的处置方法进行研究，为植物残体的减量化、无害化提供有效途径，为可能的资源化应用提供理论依据和实际应用的技术基础。

（4）初步筛选出的对金有一定累积能力的植物青蒿，有必要进一步研究，为植物冶金做好准备。

（5）与未种植蜈蚣草的原矿以及种植蜈蚣草（即没有加调控剂）的对照相比，利用磷酸二氢铵、亚硫酸氢钠和柠檬酸调控蜈蚣草除砷后金浸出效率也有显著提高，表明其调控对于金的浸提有明显效果，还需要进一步进行大规模的试验验证。另外也要验证柠檬酸对于金氰化浸出率提高是基于其对蜈蚣草的调控效果还是对金矿的增溶效果。

8.3 创新点

（1）目前对高砷硫金矿已经开发应用或正在研究的预处理方法主要有氧化焙烧、加压氧化、细菌氧化、碱浸氧化、硝酸分解、真空脱砷、挥发熔炼、离析焙烧、化学氧化、氯化、含硫试剂氧化以及在浸出过程中引入磁场进行强化浸出和超声强化浸出等方法，植物预处理的方法未见报道。

（2）利用柠檬酸等调控剂淋洗含砷难处理金矿，有促进残渣态砷向结合态砷转化、结合态砷再向离子态砷转化的活化作用。用于调控蜈蚣草生长环境，促进蜈蚣草生物量显著增加，砷去除效率、金氰化浸出效率显著提高。

（3）探明蜈蚣草根区、非根区离子态砷、结合态砷和残渣态砷含量变化，表明蜈蚣草有促进残渣态砷向结合态砷转化、结合态砷再向离子态砷转化的活化作用。

（4）在含砷难处理金矿植物除砷过程中，蜈蚣草根区周围速效态砷含量比非根区有所增加，残渣态砷含量明显降低，在没有调控的情况下，蜈蚣草生长可以使根区残渣态砷含量减少将近30%，非根区减少近20%，表明蜈蚣草根系分泌物自身对于金矿砷有较明显的活化作用，蜈蚣草生长加速金矿风化对于砷的活化也有较好的促进作用。

附录　冶金研究院 XRD 测定结果

SAMPLE NAME：1 - BYK　FILE NAME：1 - BYK100　TARGET：Cu 35kV 20mA

SLITS：DS 1 RS . 3 SS 1　SPEED：4 deg/min.　STEP：. 02 deg

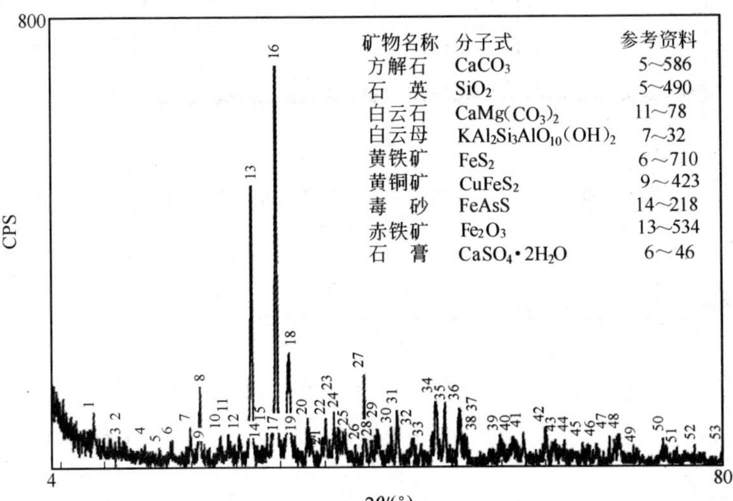

Note: width is not accurate especially for over lapped peaks.

PNo.	2−THETA	INT	WIDTH	d	I
1	8.760	103		10.0862	14
2	11.660	75		7.5833	10
3	12.120	53		7.2965	7
4	14.620	46		6.0540	6
5	16.240	40		5.4535	6
6	17.780	53		4.9845	7
7	19.760	75		4.4893	10
8	20.840	146		4.2590	20
9	21.360	46		4.1565	6
10	23.180	60		3.8341	8
11	23.940	63		3.7140	9
12	25.300	63		3.5174	9
13	26.680	503		3.3385	70
14	27.780	43		3.2088	6
15	28.400	66		3.1401	9
16	29.400	716		3.0355	100
17	29.960	53		2.9800	7
18	30.960	210		2.8860	29
19	31.560	60		2.8325	8
20	33.000	90		2.7121	13
21	34.020	33		2.6331	5
22	35.020	90		2.5602	13
23	36.000	127		2.4927	18
24	36.460	90		2.4623	13
25	37.300	66		2.4087	9
26	38.400	43		2.3422	6
27	39.420	166		2.2839	23
28	40.340	50		2.2340	7
29	40.960	70		2.2016	10
30	42.520	73		2.1243	10
31	43.220	96		2.0915	13
32	44.980	60		2.0137	8
33	45.880	46		1.9763	6
34	47.500	120		1.9126	17
35	48.540	106		1.8740	15
36	50.200	106		1.8158	15
37	50.820	63		1.7951	9
38	51.080	56		1.7866	8
39	54.820	60		1.6732	8
40	56.200	56		1.6354	8
41	57.440	63		1.6030	9
42	59.880	73		1.5434	10
43	61.060	50		1.5163	7
44	62.100	50		1.4934	7
45	64.100	46		1.4515	6
46	65.680	43		1.4204	6
47	67.200	56		1.3919	8
48	68.200	60		1.3739	8
49	70.180	36		1.3399	5
50	73.180	53		1.2922	7
51	74.760	36		1.2688	5
52	76.740	40		1.2409	6
53	79.939	36		1.1991	5

附图 1　1 - B 原矿平均样 XRD 分析结果

注：种植蜈蚣草前原矿样品 XRD 分析结果图。结果中标注字母所代表意义：PNo. —样品编号；2 - THETA—2θ 角；INI—测量强度；WIDTH—面间距；d—间距值；I—相对强度。根据各样品测得的峰值比对标准卡片，从而确定样品的物相组成。

SAMPLE NAME：1 – BYK　FILE NAME：1 – BYK100　TARGET：Cu 35kV 20mA

SLITS：DS 1 RS . 3 SS 1　SPEED：4 deg/min.　STEP：. 02 deg　DATE：07 – 08 – 10

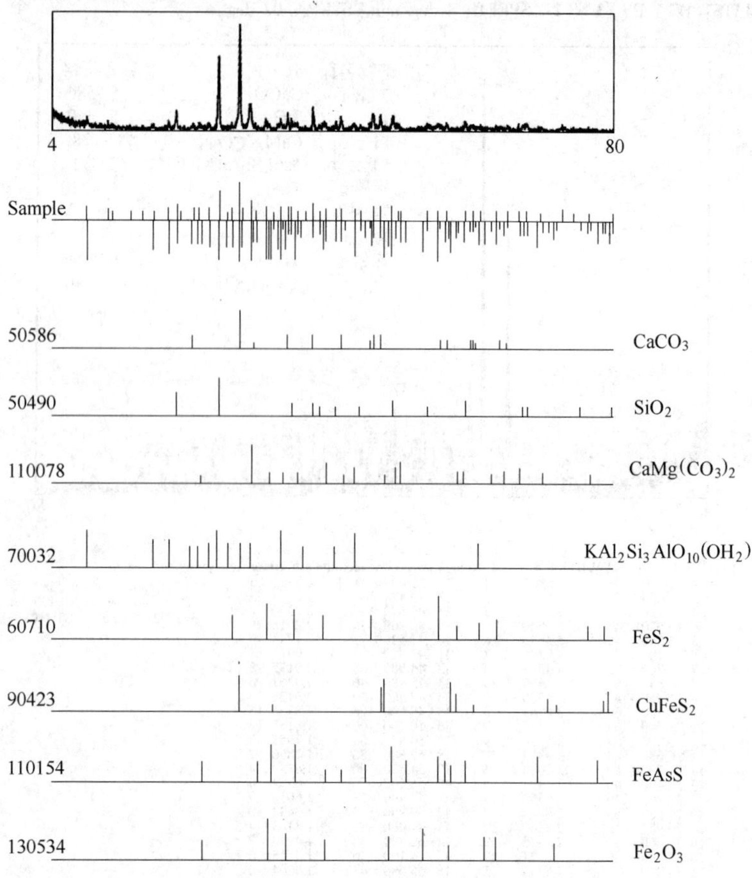

附图 2　1 – B 原矿平均样 XRD 分析结果分解图

注：种植蜈蚣草前原矿物相分析的分解图，更好的说明了比对标准卡的峰值线位置及分析出的物质名称。

SAMPLE NAME：1 - BSXH　FILE NAME：1 - BSX100　TARGET：Cu 35kV 20mA

SLITS：DS 1 RS . 3 SS 1　SPEED：4 deg/min.　STEP：. 02 deg

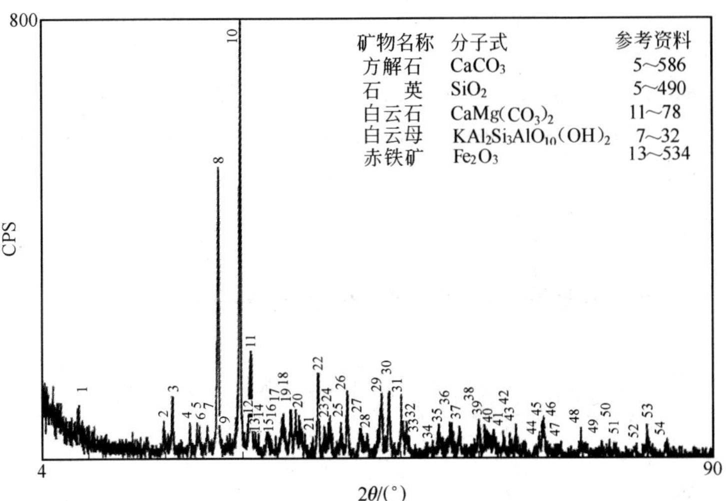

Note:width is not accurate especially for over lapped peaks.

PNo.	2-THETA	INT	WIDTH	d	I
1	8.840	103		9.9951	13
2	19.800	73		4.4803	9
3	20.840	116		4.2590	14
4	23.100	66		3.8472	8
5	24.000	70		3.7049	9
6	24.320	63		3.6569	8
7	25.320	63		3.5147	8
8	26.620	535		3.3459	65
9	27.800	46		3.2065	6
10	29.440	819		3.0315	100
11	30.840	200		2.8970	24
12	31.460	73		2.8413	9
13	31.880	50		2.8048	6
14	32.950	66		2.7153	8
15	34.060	46		2.6301	6
16	34.520	43		2.5961	5
17	35.060	86		2.5573	11
18	35.920	110		2.4981	13
19	36.600	96		2.4532	12
20	37.000	83		2.4276	10
21	38.800	43		2.3190	5
22	39.520	163		2.2784	20
23	40.300	60		2.2361	7
24	40.960	83		2.2016	10
25	42.380	70		2.1310	9
26	43.260	120		2.0897	15
27	44.960	70		2.0145	9
28	45.760	50		1.9812	6
29	47.620	122		1.9080	15
30	48.600	137		1.8718	17
31	50.100	120		1.8192	15
32	50.840	70		1.7945	9
33	51.080	46		1.7866	6
34	54.120	36		1.6932	4
35	54.920	66		1.6704	8
36	56.260	70		1.6338	9
37	57.460	63		1.6025	8
38	59.940	90		1.5419	11
39	60.700	73		1.5244	9
40	61.860	53		1.4986	6
41	63.120	53		1. 4717	6
42	63.960	50		1. 4544	6
43	64.760	66		1. 4383	8
44	67.680	50		1. 3832	6
45	68.320	80		1. 3718	10
46	68.760	36		1. 3641	4
47	70.520	36		1. 3343	4
48	73.020	60		1. 2947	7
49	75.640	36		1. 2562	4
50	76.660	40		1. 2420	5
51	77.540	33		1.2301	4
52	80.900	30		1.1872	4
53	81.439	66		1.1807	8
54	83.960	40		1.1516	5

附图 3　1 - B 原矿水析细部分矿样 XRD 分析结果

注：原矿水析细部分矿样 XRD 分析结果图。结果中标注字母所代表意义：PNo. —样品编号；2 - THETA—2θ 角；INI—测量强度；WIDTH—面间距；d—间距值；I—相对强度。根据各样品测得的峰值比对标准卡片，从而确定样品的物相组成。

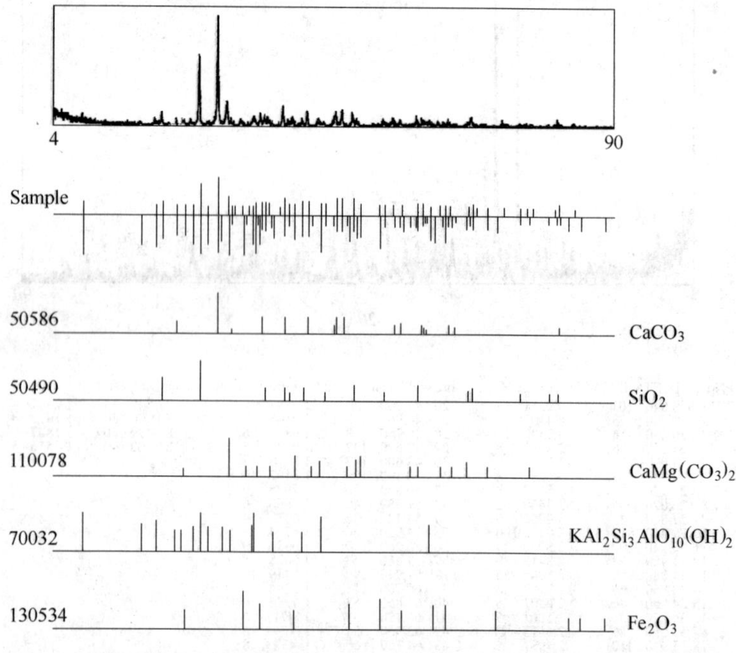

附图 4　1 - B 原矿水析细部分矿样 XRD 分析结果分解图

注：原矿水析细部分矿样物相分析的分解图，更好的说明了比对标准卡的峰值线位置及分析出的物质名称。

SAMPLE NAME：HESE FILE NAME：HESE100 TARGET：Cu 35kV 20mA

SLITS：DS 1 RS .3 SS 1 SPEED：4 deg/min. STEP：.02 deg

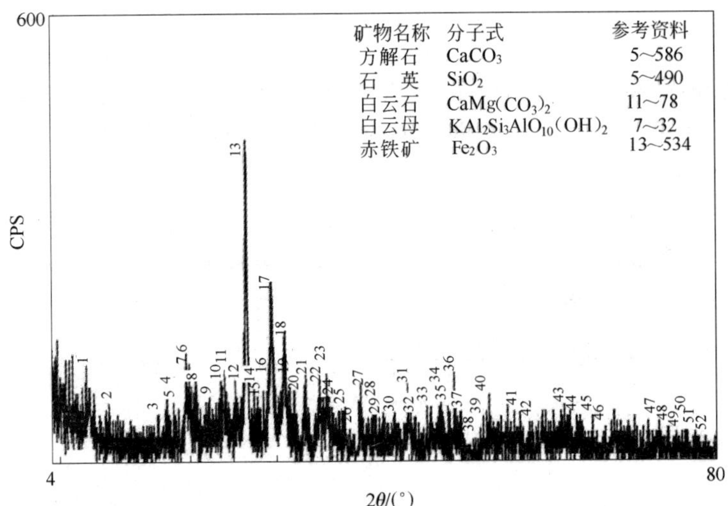

PNo.2 - THETA INT WIDTH d I Note:width is not accurate,especially for over lapped peaks

PNo.	2-THETA	INT	WIDTH	d	I
1	8.420	127		10.4928	32
2	11.020	80		8.0223	20
3	16.560	66		5.3489	17
4	17.660	100		5.0181	25
5	18.380	80		4.8231	20
6	19.800	140		4.4803	35
7	20.160	127		4.4011	32
8	20.880	106		4.2509	27
9	22.440	86		3.9588	22
10	23.700	106		3.7511	27
11	24.140	127		3.6837	32
12	25.340	106		3.5119	27
13	26.640	400		3.3434	100
14	27.460	100		3.2454	25
15	27.860	86		3.1997	22
16	28.520	93		3.1272	23
17	29.480	227		3.0275	57
18	30.980	166		2.8842	42
19	31.520	100		2.8360	25
20	31.980	93		2.7963	23
21	33.300	113		2.6884	28
22	34.840	106		2.5730	27
23	35.680	113		2.5143	28
24	36.260	73		2.4754	18
25	37.760	73		2.3805	18
26	38.280	46		2.3493	12
27	39.540	100		2.2773	25
28	41.180	80		2.1903	20
29	42.040	66		2.1475	17
30	43.360	66		2.0851	17
31	44.900	100		2.0171	25
32	45.760	60		1.9812	15
33	47.100	73		1.9279	18
34	48.680	100		1.8689	25
35	49.480	73		1.8406	18
36	50.180	113		1.8165	28
37	50.960	66		1.7905	17
38	52.280	33		1.7484	8
39	53.400	60		1.7131	15
40	54.080	86		1.6944	22
41	57.560	66		1.5999	17
42	58.640	53		1.5730	13
43	62.560	73		1.4835	18
44	63.920	60		1.4552	15
45	65.740	60		1.4192	15
46	67.160	46		1.3926	12
47	73.220	53		1.2916	13
48	74.320	46		1.2752	12
49	75.160	40		1.2630	10
50	76.340	53		1.2464	13
51	77.300	40		1.2333	10
52	78.400	33		1.2187	8

附图 5 1 – B 原矿水析重部分褐色片状矿样 XRD 分析结果

注：原矿水析重部分褐色矿样 XRD 分析结果图。结果中标注字母所代表意义：PNo.—样品编号；2 – THETA—2θ 角；INI—测量强度；WIDTH—面间距；d—间距值；I—相对强度。根据各样品测得的峰值比对标准卡片，从而确定样品的物相组成。

SAMPLE NAME：HESE FILE NAME：HESE100 TARGET：Cu 35kV 20mA

SLITS：DS 1 RS .3 SS 1 SPEED：8 deg/min. STEP：.02 deg DATE：07 - 08 - 10

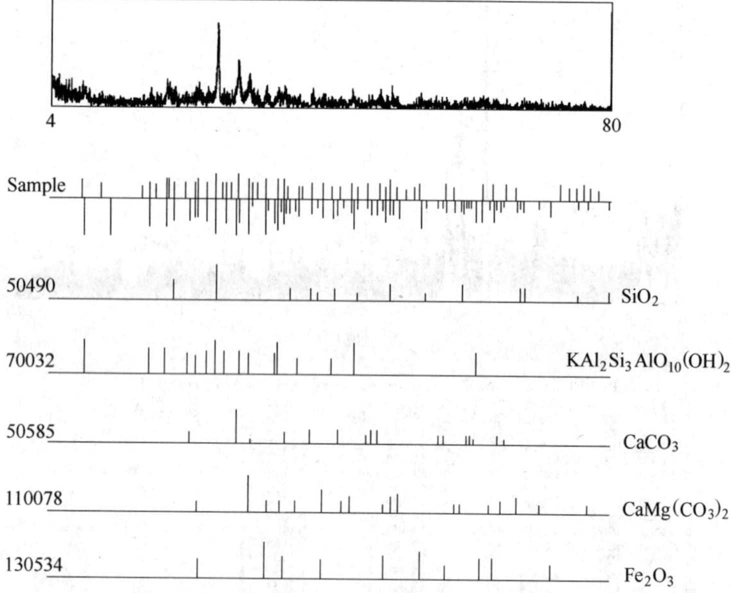

附图 6 1 - B 原矿水析重部分褐色片状矿样 XRD 分析结果分解图

注：原矿水析重部分褐色片状矿样物相分析的分解图，更好的说明了比对标准卡的峰值线位置及分析出的物质名称。

SAMPLE NAME：HUISE　FILE NAME：HUISE100　TARGET：Cu 35kV 20mA

SLITS：DS 1 RS . 3 SS 1　SPEED：8 deg/min.　STEP：. 02 deg

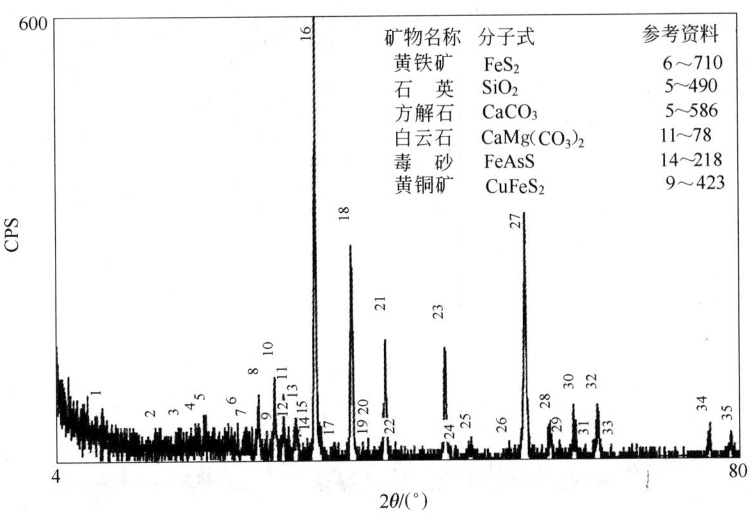

Note:width is not accurate,especially for over lapped peaks.

PNo.	2-THETA	INT	WIDTH	d	I
1	9.160	86		9.6467	14
2	15.120	60		5.8549	10
3	17.840	60		4.9679	10
4	19.600	66		4.5255	11
5	20.760	80		4.2752	13
6	24.280	73		3.6628	12
7	25.240	60		3.5256	10
8	26.640	113		3.3434	19
9	27.500	53		3.2408	9
10	28.420	140		3.1379	23
11	29.420	106		3.0335	18
12	29.960	60		2.9800	10
13	30.760	80		2.9043	13
14	31.520	33		2.8360	6
15	32.020	40		2.7929	7
16	33.000	600		2.7121	100
17	34.580	26		2.5917	4
18	37.040	320		2.4251	53
19	38.180	33		2.3552	6
20	38.760	40		2.3213	7
21	40.720	200		2.2140	33
22	41.780	33		2.1602	6
23	47.340	186		1.9187	31
24	48.440	26		1.8776	4
25	50.220	40		1.8152	7
26	54.400	33		1.6851	6
27	56.240	405		1.6343	68
28	59.100	66		1.5618	11
29	60.000	33		1.5406	6
30	61.540	93		1.5056	16
31	62.860	26		1.4772	4
32	64.200	93		1.4495	16
33	65.700	26		1.4200	4
34	76.660	60		1.2420	10
35	78.939	46		1.2117	8

附图 7　1－B 原矿水析重部分黑色颗粒矿样 XRD 分析结果

注：原矿水析重部分黑色颗粒矿样 XRD 分析结果图。结果中标注字母所代表意义：PNo.—样品编号；2－THETA—2θ 角；INI—测量强度；WIDTH—面间距，d—间距值；I—相对强度。根据各样品测得的峰值比对标准卡片，从而确定样品的物相组成。

SAMPLE NAME：52ZH FILE NAME：52ZH100 TARGET：Cu 35kV 20mA

SLITS：DS 1 RS . 3 SS 1 SPEED：4 deg/min. STEP：. 02 deg

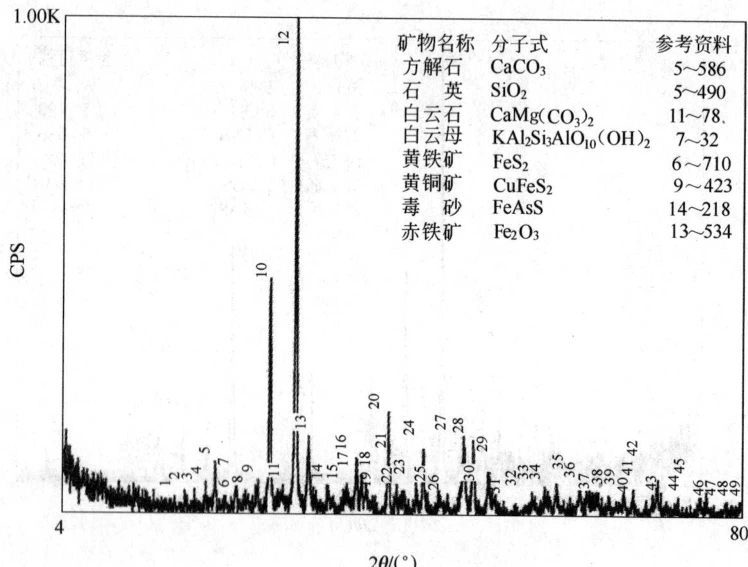

Note: width is not accurate. especially for over lapped peaks.

PNo	2-THETA	INT	WIDTH	d	I
1	16.420	43		5.3941	4
2	17.520	53		5.0579	5
3	18.580	56		4.7716	6
4	19.780	70		4.4848	7
5	20.760	110		4.2752	11
6	21.720	43		4.0884	4
7	23.020	86		3.8603	9
8	24.020	53		3.7018	5
9	25.320	75		3.5147	8
10	26.600	462		3.3484	47
11	28.000	63		3.1840	6
12	29.340	973		3.0416	100
13	30.760	159		2.9043	16
14	32.740	63		2.7331	6
15	34.920	66		2.5673	7
16	35.920	120		2.4981	12
17	36.480	83		2.4610	9
18	37.000	73		2.4276	8
19	37.980	43		2.3672	4
20	39.380	210		2.2862	22
21	40.300	66		2.2361	7
22	40.860	53		2.2067	5
23	42.360	73		2.1320	8
24	43.160	153		2.0943	16
25	41.860	63		2.0188	6
26	45.760	46		1.9812	5
27	47.440	163		1.9148	17
28	48.480	150		1.8762	15
29	50.080	106		1.8199	11
30	50.540	56		1.8044	6
31	53.060	30		1.7245	3
32	54.800	50		1.6738	5
33	56.180	60		1.6359	6
34	57.400	66		1.6040	7
35	59.920	83		1.5424	9
36	60.940	66		1.5190	7
37	62.980	43		1.4746	4
38	64.660	50		1.4403	5
39	65.640	53		1.4212	5
40	67.040	36		1.3948	4
41	67.700	46		1.3828	5
42	68.280	75		1.3725	8
43	70.500	40		1.3346	4
44	72.939	40		1.2959	4
45	73.520	50		1.2871	5
46	75.820	33		1.2536	3
47	77.200	33		1.2346	3
48	78.640	33		1.2156	3
49	79.780	30		1.2011	3

附图 8 种植后平均样 XRD 分析结果

注：种植蜈蚣草后矿样 XRD 分析结果图。结果中标注字母所代表意义：PNo.—样品编号；2 - THETA—2θ 角；INI—测量强度；WIDTH—面间距；d—间距值；I—相对强度。根据各样品测得的峰值比对标准卡片，从而确定样品的物相组成。

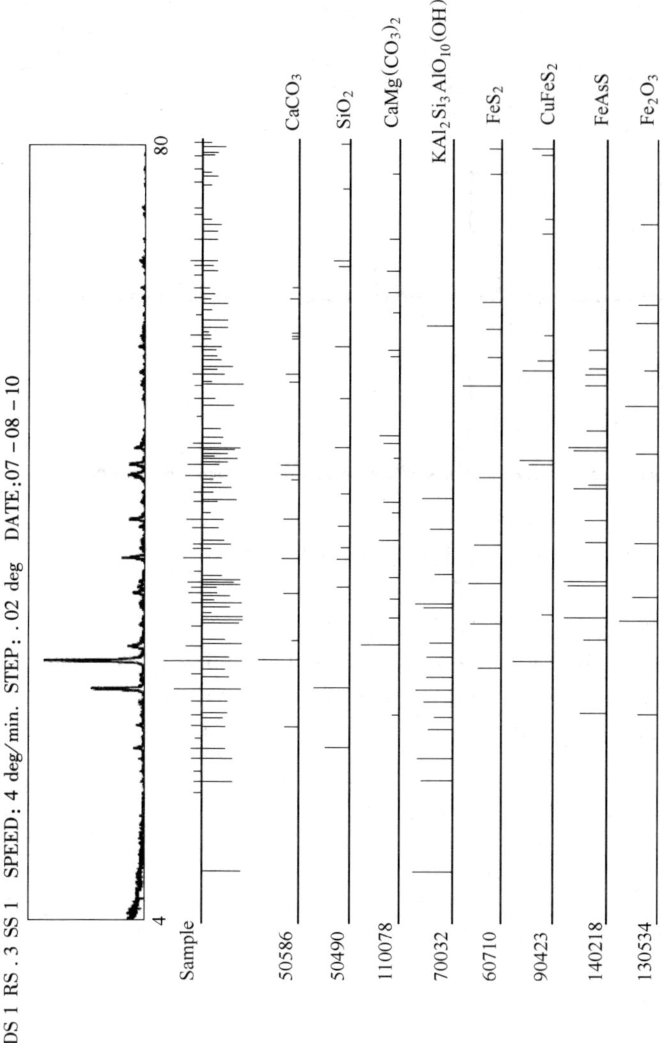

附图 9 种植后平均样 XRD 分析结果分解图

注：种植蜈蚣草后矿样物相分析的分解图，更好的说明了比对标准卡的峰值线位置及分析出的物质名称

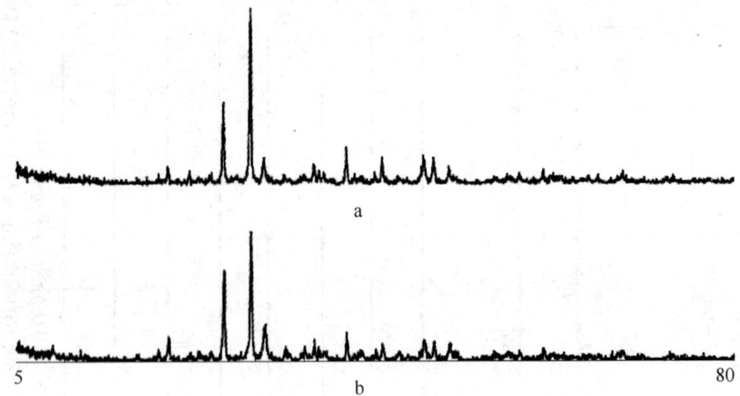

附图 10 种植后平均样 XRD 分析结果分解图

a—种植后；b—种植前原矿

注：种植蜈蚣草前后矿样物相分析对比图。

TARGET：Cu 35kV 20mA SLITS：DS 1 RS .3 SS 1 SPEED：4deg/min STEP：0.02deg

XRD 测试编号：52ZH100—种植蜈蚣草后（a）；1-BYK100—种植蜈蚣草前原矿（b）

送检矿样编号：52ZH—种植蜈蚣草后（a）；1-BYK—种植蜈蚣草前原矿（b）

部分英文缩写及说明

SRXRF-Synchrotron radiation X-ray fluorescence	同步辐射 X 射线荧光法
SRXAS-Synchrotron radiation X-ray spectroscopy	同步辐射 X 射线荧光法
ICP-AES	电感耦合等离子体色谱法
XAS- X-ray spectroscopy	X 射线光谱分析仪
GT	官厅金矿
PX	普雄金矿
WS	渭砂金矿
XR	兴仁金矿
ICP-AES-inductively coupled plasma atomic emission spectroscopy	电感耦合等离子体发射光谱
ASS	原子吸收分光光度法
SPSS-Statistical Program for Social Sciences/ Statistical Product and Service Solutions	社会科学统计软件包/统计产品与服务解决方案
EDTA-Na_2-Ethylenediaminetetraacetic acid disodium salt	乙二胺四乙酸二钠盐
MAP-monoammonium phosphate	磷酸二氢铵
sodium bisulfite ($NaHSO_3$)	亚硫酸氢钠
sodium bicarbonate （$NaHCO_3$）	碳酸氢钠
monoammonium nitrate （NH_4NO_3）	硝酸铵
CA-citric acid （CA-$C_6H_8O_7$）	柠檬酸
succinic acid （$C_4H_6O_4$）	丁二酸
XRD-X-ray diffraction	X 射线衍射
ammonium chloride (NH_4Cl)	氯化铵
ammonium fluoride (NH_4F)	氟化铵
sodium chloride (NaCl)	氯化钠
sodium hydroxide (NaOH)	氢氧化钠
sulfuric acid （H_2SO_4）	硫酸

Ion-As	离子态砷
Al-As	铝结合态砷
Fe-As	铁结合态砷
Ca-As	钙结合态砷
Res-As	残渣态砷
MMA	单甲基砷
DMA	二甲基砷

参 考 文 献

[1] Amankwah R K, Pickles C A. Microwave Roasting of a Carbonaceous Sulphidic Gold Concentrate [J] . Minerals Engineering. 2009, 22: 1095 ~ 1101.

[2] Anderson CWN, Brooks R R, Chiarucci A, et al. Phytomining for Nickel, Thallium and gold [J] . Journal of Geochemical Exploration, 1999, 67: 407 ~ 415.

[3] Anderson C, Moreno F, Meech J. A Field Demonstration of Gold Phytoextraction technology [J] . Minerals Engineering, 2005, 18: 385 ~ 392.

[4] Baker A J M, Brooks R R, Pease A J, et al. Studies on Copper and Cobalt Tolerance in Three Closely Related Taxa Within the *Genus Silene* L. (Caryophyllaceae) from Zaire. [J] . Plant and Soil, 1983, 73 (3): 377 ~ 385.

[5] Baker A J M, McGrmh S P, Sidoli CMD, et al. The Possibility of in Situ Heavy Metal Decontamination of Polluted Soils Using Crops of Metal-accumulating Plants [J] . Resources, Conservation and Recycling, 1994, 11: 41 ~ 49.

[6] Brieriey L. Bacterial Oxidation [J], Engineering and Mining Journal. 1995, 196 (5): 42 ~ 44.

[7] Brown S L, Chancy R L, Angle J S, et al. Zinc and Cadmium Uptake by Hyperaccumulator *Thlaspi caerulescens* and Bladder Campion for Zinc-and Cadmium-contaminated Soil [J] . Journal of Environmental Quality, 1994, 23: 1151 ~ 1157.

[8] Caille N, Swanwick S, Zhao FJ, et al. Arsenic Hyperaccumulation by *Pteris vittata* L. from Arsenic Contaminated Soils and the Effect of Liming and Phosphate Fertilization [J] . Environmental Pollution, 2004, 132 (1): 113 ~ 120.

[9] Cao X, Ma L Q, ShiralipourA. Effects of Compost and Phosphate Amendments on Arsenic Mobility and Arsenic uptake by the Hyperaccumulator *Pteris vittata* L. [J]. Environmental Pollution, 2003, 126: 157 ~ 167.

[10] Celep O, Alp I, Deveci H, et al. Characterization of Refractory Behavior of Complex Gold/silver Ore by Diagnostic Leaching [J] . Transactions of Nonferrous Metals Society of China, 2009, 19: 707 ~ 713.

[11] Chen T B, Fan Z L, Lei M, et al. Effects of Phosphorus on Arsenic Accumulation in As-hyperaccumulator *Pteris vittata* L. and its Implication [J] . Chinese Science Bulletin, 2002, 47: 1876 ~ 1879.

[12] Dunn J G, Chamberlain A C. The Recovery of Gold from Refractory Arsenopyrite Concentrates by Pyrolysis-oxidation [J] . Minerals Engineering, 1997, 10 (9): 919 ~ 928.

[13] Fayiga A O, Ma L Q, Rathinasabapathi B. Effects of Nutrients on Arsenic Accumula-

tion by Arsenic Hyperaccumulator *Peteris vittata* L. [J] . Environmental and Experimental Botany. 2008, 62: 231 ~237.

[14] Hartley W J, Ainsworth G, Meharg A A. Copper and Arsenate Induced Oxidative Stress in *Holcus lanatus* L. Clones with Differential Sensitivity [J] . Plant, Cell and Environment, 2001, 24: 713 ~722.

[15] Huang Z C, An Z H, Chen T B, et al. Arsenic Uptake and Transport of *Pteris vittata* L. as Influnenced by Phosphate and Inorganic Arsenic Species Under Sand Culture [J]. Journal of Environmental Sciences, 2007, 19: 714 ~718.

[16] Hughes M F. Arsenic Toxicity and Potential Mechanism of Action [J] . Toxicology Letters, 2002, 133: 1 ~16.

[17] Langhans D, Lord A, Lampshire D, et al. Bioxidation of an Arsenic-bearing Refractory Gold Ore [J] . Minerals Engineering, 1995, 8 (2): 147 ~158.

[18] Lehmann M N, Leary S O', Dunn J G. An Evaluation of Pretreatments to Increase Gold Recovery from a Refractory Ore Containing Arsenopyrite and Pyrrhotite [J] . Minerals Engineering, 2000, 13 (1): 1 ~18.

[19] Li W X, Chen T B, Huang Z C, et al. Effect of Arsenic on Chloroplast Ultrastructure and Calcium Distribution in Arsenic Hyperaccumulator *Pteris vittata* L. [J] . Chemosphere, 2006, 62: 803 ~809.

[20] Ma L Q, Komar K M, Tu C, et al. A Fern that Hyperacuumulates Arsenic: a Hardy, Versatile, Fast-growing Plant Helps to Remove Arsenic from Contaminated Soils [J]. Nature, 2001: 409, 579.

[21] Meharg A A, Hartley W J. Arsenic Uptake and Metabolism in Arsenic Resistant and Nonresistant Plant Species [J] . New Phytologist, 2002, 154: 29 ~43.

[22] Mukhopadhyay R, Rosen B P, Pung L T, et al. Microbial Arsenic: from Geocycles to Genes and Enzymes [J] . Fens Microbiology Reviews, 2002, 26 (3): 311 ~325.

[23] Nicks L J , Chambers M F. Farming for Metals [J] . Mining Environ Mgt, 1995 (9): 15 ~18.

[24] O' Neill P. Arsenic, In: Heavy Metals in Soils [J] . (edited by Alloway BJ.), NewYork: John Wiley and Sons, 1990, 1: 83 ~99.

[25] Robert R B, Michael F C, Larry J N, et al. Phytomining [J] . Trends in Plant Science. 1998, 3 (9): 45 ~51.

[26] Robinson B H, Brooks R R, Clothier B E. Soil Amendment affecting Nickel and Cobalt Uptake by *Berkhyea Coddii*: Potential Use for Phytomining and Phytoremediation [J]. Annals of Botany, 1999, 84 (6): 689 ~694.

[27] Robinson B H, Brooks R R, Howes A W, et al. The Potential of the High-biomass Nickel Hyperaccumulator Berkheya Coddii for Phytoremediation and phytomining [J].

Journal of Geochemical Exploration, 1997b, 60: 115 ~ 126.

[28] Robinson BH, Chiarucci A, Brooks RR, et al. The Nickel Hyperaccumulator Plant Alyssum Bertolonii as a Potential Agent for Phytoremediation and Phytomining of Nickel [J]. Journal of Geochemical Exploration, 1997a, 59: 75 ~ 86.

[29] Rodriguez E, Parsons JR. Peraha-Videa JR, et al. International Poential of Chilopsis Linearis for Gold Phytomining: Using XAS to Determine Gold Reduction and Nanoparticle Formation within Plant Tissues [J]. Journal of Phytoremediation, 2007, 9: 133 ~ 147.

[30] Tu C, Ma L. Effects of Arsenic Concentrations and Forms on Arsenic Uptake by the Hyperaccumulator Ladder Brake [J]. Journal of Environmental Quality, 2002, 311: 617 ~ 647.

[31] Tu S, Ma LQ, LuongoT. Root Exudates and Arsenic Aceumulation in Arsenic Hyperaccumulating *Pteris vittata* and Non-hyperaccumulating *Nephrolepis exaltata* [J}. Plant and Soil, 2004, 258 (1): 9 ~ 19.

[32] Tu S, Ma LQ. Interactive Effects of pH, Arsenic and Phosphorus on Uptake of As and P and Growth of the Arsenic Hyperaccumulator *Pteris vittata* L. Under Hydroponic Conditions [J]. Environmental and Experimental Botany, 2003, 50: 243 ~ 251.

[33] V. A. 卢加诺夫，张兴仁，李皓. 含砷金矿石的处理工艺 [J]. 国外金属矿选矿，2004，41 (11): 14 ~ 18.

[34] Visoottiviseth FK, Sridokchan W. The Potential of Thai Indigenous Plant Species for the Phytoremediation of Arsenic Contaminated Land [J]. Environmental Pollution, 2002, 118 (3): 453 ~ 461.

[35] Wagner GJ, Wang E, Shepherd RW, et al. New Approaches for Studying and Exploiting an Old Protuberance, the Plant Trichome [J]. Annals of Bontany, 2004, 93: 3 ~ 11.

[36] Wang HB, Wong MH, Lan CY, et al. Uptake and Accumulation of Arsenic by Eleven Pteris Taxa From Southern China [J]. Environmental Pollution, 2007, (145): 225 ~ 233.

[37] Wang HB, Ye ZH, Shu WS, et al. Arsenic Uptake and Accumulation in Fern Species Growing at Arsenic-contaminated Sites of Southern China: Field Surveys [J]. International Journal of Phytoremediation, 2006 (8): 1 ~ 11.

[38] Wang JR, Zhao FJ, Andrew A. et al. Mechanisms of Arsenic Hyperaccumulation in Pteris vittata: Uptake Kinetics, Interactions with Phosphate, and Arsenic Speciation [J]. Plant Physiology, 2002, 130: 1552 ~ 1561.

[39] Weasy SA. Remediation of Soils Polluted by Heavy Metals Using Organic Acids and Chelating [J]. Environmental Technology, 1998, 19 (4): 369 ~ 379.

[40] Whtlehean D C. Some Aspects of the Influence of Organic Matter on Fertility [J]. Soils and Fertilizers, 1963, 26 (4): 217 ~ 223.

[41] Xie QE, Yan XL, Liao XY, et al. The Arsenic Hyperaccumulator Fern *Pteris vittata* L. [J]. Environmental Science and Technology. 2009, 43 (22): 8488 ~ 8495.

[42] Zhang X. , Cornelis R, DE Kimpe J. Mees L. Speciation of Toxicologically Important Arsenic Species Human Serum by Liquid Chromatography-hydride Generation Atomic Absorption Spectrometry [J]. Journal of Analytical Atomic Spectrometry, 1996, 11: 1075 ~ 1079.

[43] Zhao FJ, Dunham SJ, McGrath SP. Arsenic Hyperaccumulation by Different Fern Species [J]. New Phytologist, 2002, 156: 27 ~ 31.

[44] 鲍利军，吴国元．高砷硫金矿的预处理 [J]．贵金属，2003，24 (3): 61 ~ 66.

[45] 鲍士旦．土壤农化分析 [M]．第三版．北京：中国农业出版社，2000.

[46] 蔡保松，陈同斌，廖晓勇，等．土壤砷污染对蔬菜砷含量及食用安全性的影响 [J]．生态学报，2004，24 (1): 711 ~ 717.

[47] 蔡保松，蜈蚣草富集砷能力的基因型差异及其对环境因子的反应 [D]．[博士学位论文]．杭州：浙江大学，2004.

[48] 查红平，肖维林，雷晓琳，等．砷的植物修复研究进展 [J]．地质灾害与环境保护，2007，18 (2): 55 ~ 60.

[49] 长春黄金设计院，长春黄金研究院．紫木凼金矿扩建工程可行性研究报告 [M]．2004: 20 ~ 45.

[50] 陈菲菲，黄蕊，张玉明，等．金矿石化学分析方法第三部分：砷含量的测定 (GB/T 20899. 1—2007) [S]．北京：中国标准出版社，2007.

[51] 陈桂霞．我国黄金难选冶矿石预氧化技术研究现状及发展前景 [J]．新疆有色金属，2008，13 (z1): 96 ~ 98.

[52] 陈怀满．土壤中化学物质的行为与环境质量 [M]．北京：科学出版社，2002: 79 ~ 81.

[53] 陈静，王学军，朱立军．pH 值和矿物成分对砷在红土中的迁移影响 [J]．环境化学，2003，22 (1): 121 ~ 125.

[54] 陈同斌，范稚莲，雷梅，等．磷对超富集植物蜈蚣草吸收砷的影响及其科学意义 [J]．科学通报，2002，47 (15): 1156 ~ 1159.

[55] 陈同斌，黄泽春，黄宇营，等．蜈蚣草羽叶中砷及植物必需营养元素的分布特点 [J]．中国科学，C 辑，2004，34 (4): 304 ~ 309.

[56] 陈同斌，韦朝阳，黄泽春，等．砷超富集植物蜈蚣草及其对砷的富集特征 [J]．科学通报，2002，47 (3): 207 ~ 210.

[57] 陈同斌，阎秀兰，廖晓勇，等．蜈蚣草中砷的亚细胞分布与区隔化作用 [J]．

科学通报，2005，50（24）：2739～2744.

[58] 陈同斌．土壤溶液中的砷及其与水稻生长效应的关系［J］．生态学报，1996，16（2）：147～153.

[59] 陈卓君，吕培军．尾矿的砷污染试验研究及治理措施［J］．广东化工，2010，37（8）：151～152.

[60] 崔爽，周启星，晁雷．某冶炼厂周围8种植物对重金属的吸收与富集作用［J］．应用生态学报，2006，17（3）：512～515.

[61] 党廷辉，郝明德，郭胜利．石灰性土壤磷素的化学活化途径探讨［J］．水土保持学报，2005，19（2）：100～101，146.

[62] 邓培雁，刘威，韩志国．砷胁迫下蜈蚣草光合作用的变化［J］．生态环境，2007，16（3）：775～778.

[63] 范麦妮，王海娟．植物冶金的研究进展［J］．安徽农业科学，2007，35（34）：10958～10959，10974.

[64] 方兆珩，夏光祥，石伟，等．高砷含锑难浸金精矿提金工艺的研究［J］．黄金科学技术，2001，9（34）：28～35.

[65] 方兆珩，夏光祥．高砷难处理金矿的提金工艺研究［J］．黄金科学技术，2004，12（2）：35～40.

[66] 高松，谢丽．中国土壤砷污染现状及修复治理技术研究进展［J］．安徽农业科学，2009，37（14）：6587～6589.

[67] 郜红建，蒋新，常江，等．根分泌物在污染土壤生物修复中的作用［J］．生态学杂志，2004，23（4）：135～139.

[68] 龚长根，胡新生，陈军．湖北铜绿山古铜矿矿物共生指示植物的找矿分析研究［J］．资源环境与工程，2008，22（1）：9～15.

[69] 谷晋川，刘亚川．金矿氰化浸出助浸剂的研究［J］．金属矿山，2001（9）：28～30.

[70] 黄泽春，陈同斌，雷梅，等．砷超富集植物中砷化学形态及其转化的EXAFS研究［J］．中国科学，C辑，2003，33（6）：488～494.

[71] 简放陵．砷吸附解析及其与土壤性质的关系［J］．热带亚热带土壤科学，1994，3：138～145.

[72] 江国红，欧阳伦熬，张艳敏．含砷硫高碳卡淋型金矿石焙烧氰化浸金工艺试验研究［J］．湿法冶金，2003，22（3）：129～132.

[73] 蒋成爱，吴启堂，陈杖榴．土壤中砷污染研究进展［J］．土壤，2004，36（3）：246～270.

[74] 康建雄，周跃，吕中海，等．含砷金矿浮选研究现状与展望［J］，四川有色金属，2008，（3）：2～4.

[75] 康增奎．我国难处理金矿资源开发的现状与问题研究［J］．资源与产业，

2009，11（6）：59～63.

[76] 柯文山，席红安，杨毅．大冶铜绿山矿区海州香薷（*Elsholtzia haichowensis*）植物地球化学特征分析［J］．生态学报，2001，21（6）：907～912.

[77] 雷梅，陈同斌，范稚莲，等．磷对土壤中砷吸附的影响［J］．应用生态学报，2003，14（11）；1989～1992.

[78] 李道林，程磊．砷在土壤中的形态分布与青菜的生物学效应［J］．安徽农业大学学报，2000，27（2）：131～134.

[79] 李德先，高振敏，朱咏喧，等．铊矿物及铊的植物找矿［J］．地质与勘探，2003，39（5）：44～48.

[80] 李华，骆永明，宋静．不同铜水平下海州香薷的生理特性和铜积累研究［J］．土壤，2002，34（4）：225～228.

[81] 李江涛，库建刚，赵文权．从某尾矿中回收金的浮选试验研究［J］．黄金，2007，28（10）：38～41.

[82] 李南，田风．我国增加黄金储备的战略意义［J］．经济研究参考，2006（39）：10～11.

[83] 李宁，吴龙华，李法云，等．不同铜污染土壤上海州香薷生长及铜吸收动态［J］．土壤，2006，38（5）：598～601.

[84] 李文学，陈同斌，陈阳，等．蜈蚣草毛状体对砷的富集作用及其意义［J］．中国科学，C辑，2004，34（5）：402～408.

[85] 李文学，陈同斌，刘颖茹．刈割对蜈蚣草的砷吸收和植物修复效率的影响［J］．生态学报，2005，25（3）：538～542 .

[86] 李勋光．土壤砷吸附及砷的水稻毒性［J］．土壤，1996，28（2）：98～100.

[87] 梁立忠．活性炭吸附火焰原子吸收法测定矿石中的金［J］．河南化工，2001（12）：31～32.

[88] 梁月香．砷在土壤中的转化及其生物效应［D］．华中农业大学，2007：1～12.

[89] 廖晓勇，陈同斌，谢华，等．磷肥对砷污染土壤的植物修复效率的影响：田间实例研究［J］．环境科学学报，2004，24（3）：455～462 .

[90] 廖晓勇，陈同斌，阎秀兰，等．不同磷肥对砷超富集植物蜈蚣草修复砷污染土壤的影响［J］．环境科学，2008，29（10）：2906～2911.

[91] 廖晓勇，肖细元，陈同斌．砂培条件下施加钙、砷对蜈蚣草吸收砷、磷和钙的影响［J］．生态学报，2003，23（10）：2057～2065.

[92] 廖晓勇，谢华，陈同斌，等．蜈蚣草的超微结构和砷、钙的亚细胞分布［J］．植物营养与肥料学报，2007，13（2）：305～312.

[93] 刘光崧．土壤理化分析与剖面描述［M］．北京：中国标准出版社，1997.

[94] 刘汉钊．国内外难处理金矿焙烧氧化现状和前景［J］．国外金属矿选矿，

2005，(7)：5~10.
[95] 刘四清，宋焕斌．含砷金矿石工艺矿物学特征及其应用［J］．昆明理工大学学报，1998，(4)：20~21.
[96] 马名扬．粤西河台金矿区砷的污染特征及其环境地球化学效应［D］．［硕士学位论文］．广州：中山大学，2003.
[97] 孟宇群，吴敏杰，宿少玲，等．某含砷难浸金精矿常温常压强化碱浸预处理试验研究［J］．黄金，2002，23 (6)：25~31.
[98] 苗金燕，何峰，魏世强，等．紫色土外源砷的形态分配与化学、生物有效性［J］．应用生态学报，2005，16 (5)：899~902.
[99] 乔红光．广西贵港高砷浮选金精矿微波预处理氧化浸出试验研究［D］．［硕士学位论文］．南宁：广西大学，2005.
[100] 邱美珍，韦丛中，蒋奇亮，等．广西难处理金矿固化焙烧氰化提金试验［J］．广西地质，2002，15 (4)：43~46.
[101] 邱廷省，熊淑华，夏青．含砷难处理金矿的磁场强化氰化浸出试验研究［J］．金属矿山，2004 (12)：32~34.
[102] 阮德水，李卫萍．金的化学［J］．高等函授学报（自然科学版），2000，13 (1)：25~29.
[103] 宋书巧，周永章，周兴，等．土壤砷污染特点与植物修复探讨［J］．热带地理，2004，24 (1)：6~9.
[104] 苏惠民，姜仁社，顾元良．从金矿尾矿中回收金、银、硫的试验研究［J］．黄金，2003，24 (8)：31~33.
[105] 孙德四．复杂多金属硫化矿型含铜金矿加压预氧化浸出理论与工艺［D］．［博士学位论文］．北京：北京科技大学，2006.
[106] 孙建伟，杨磊．难浸金矿石的化学氧化预处理工艺试验研究［J］．新疆有色金属，2009，23 (z1)：132~133，138.
[107] 孙歆，韦朝阳，王五一．土壤中砷的形态分析和生物有效性研究进展［J］．地球科学进展，2006，21 (6)：625~632.
[108] 汤庆国，沈上越．高砷金矿的非氰化浸出研究［J］．矿产综合利用，2003 (2)：16~20.
[109] 唐世荣．超积累植物在时空、科属内的分布特点及寻找方法［J］．农村生态环境．2001，17 (4)：56~60.
[110] 陶玉强，姜威，苑春刚，等．草酸盐影响污染土壤中砷释放的研究［J］．环境科学学报，2005，25 (9)：1232~1235.
[111] 田树国，刘亮．高砷金矿预处理脱砷技术发展现状［J］．矿业工程，2008，6 (6)：26~28.
[112] 涂从，苗金燕，何峰．土壤砷有效性研究［J］．西南农业大学学报，1992，

6：1～5.

[113] 王海娟，宁平，唐兴进，等．含砷金矿蜈蚣草除砷应用前景探讨［J］．矿业研究与开发，2010，30（2）：94～98.

[114] 王海娟，宁平，张泽彪，等．含砷金矿的植物除砷预处理初步研究［J］．武汉理工大学学报，2010，32（8）：50～54.

[115] 王海娟，宁平，张泽彪，等．一种回收金尾矿金的植物冶金方法［P］．中国发明专利，200910095088.9，2009－10－09.

[116] 王宏镔．风尾蕨属植物对砷的富集特征及有关机理探讨［D］．［博士学位论文］．广州：中山大学，2005.

[117] 王华东，郝春曦，王建．环境中的砷［M］．北京：中国环境科学出版社，1992：1～95.

[118] 王焕校主编，污染生态学［M］．北京：高等教育出版社，2002.

[119] 王连方，颜世铭．我国地方性砷中毒研究进展［J］．世界元素医学，1999，6（3）：19～24.

[120] 王云，魏复盛，土壤环境元素化学［M］．北京：中国环境科学出版社，1995：1～80.

[121] 韦朝阳，陈同斌，黄泽春，等．大叶井口边草——一种新发现的富集砷的植物［J］．生态学报，2002，22（5）：777～778.

[122] 韦朝阳，陈同斌．高砷区植物的生态与化学特征［J］．植物生态学报，2002，26（5）：695～700.

[123] 韦朝阳，陈同斌．重金属污染植物修复技术的研究与应用现状［J］．地球科学进展，2002，17（6）：833～839.

[124] 韦朝阳，郑欢，孙歆，等．不同来源蜈蚣草吸收富集砷的特征及植物修复效率的探讨［J］．土壤，2008，40（3）：474～478.

[125] 魏显有，王秀敏，刘云惠，等．土壤中砷的吸附行为及其形态分布研究［J］．河北农业大学学报，1999，22：28～30.

[126] 武斌，廖晓勇，陈同斌，等．石灰性土壤中砷形态分级方法的比较及其最佳方案［J］．环境科学学报，2006，26（9）：1467～1473.

[127] 肖细元，廖晓勇，陈同斌，等．砷、钙对蜈蚣草中金属元素吸收和转运的影响［J］．生态学报，2003，23（8）：1477～1487.

[128] 谢飞，王宏镔，王海娟，等．砷胁迫对不同砷富集能力植物叶片抗氧化酶活性的影响［J］．农业环境科学学报，2009，28（7）：1379～1385.

[129] 谢学锦，徐邦梁．铜矿指示植物海州香薷［J］．地质学报，1953，32（4）：360～368.

[130] 谢正苗，黄昌勇，何振立．土壤砷的化学平衡［J］．环境科学进展，1998，6（1）：22～37.

[131] 邢前国，潘伟斌．富含 Cd、Pb 植物焚烧处理方法的探讨［J］．生态环境，2004，13（4）：585～586.

[132] 徐步县，何承涛．金矿开采引起砷污染的初步研究及治理措施［J］．污染防治技术，2007，20（2）：27～29.

[133] 徐敏．冶金与环保［J］．江西化工，2003，2：50～51.

[134] 杨天足．贵金属冶金及产品深加工［M］．长沙：中南大学出版社，2005：56～215.

[135] 杨肖娥，龙新宪，倪吾钟，等．东南景天（*Sedum alfredii* H.）——一种新的锌超积累植物［J］．科学通报，2002，47（13）：1003～1006.

[136] 杨振兴．难处理金矿石选冶技术现状及发展方向［J］．黄金，2002，23（7）：31～35.

[137] 叶国华，童雄，张杰．含砷矿石的除砷研究进展［J］．国外金属矿选矿，2006，3：20～24，30.

[138] 殷书岩．湖南某高砷难处理金精矿的催化酸性加压氧化预处理与细菌氧化预处理试验研究［D］．［硕士学位论文］．沈阳：东北大学，2007.

[139] 于洋．蜈蚣草植酸酶特性和抗氧化系统对砷胁迫的响应研究［D］：［硕士学位论文］．武汉：华中农业大学，2008：1～5.

[140] 袁健中，石英．活性炭吸附火焰原子吸收法测定地矿样品中的金［J］．黄金，2001，22（5）：44～46.

[141] 袁明亮，赵国魂，邱冠周．砷金矿与锰银矿同时浸出中的超声强化作用［J］．过程工程学报，2003，3（5）：409～412.

[142] 张斌才，不同蜈蚣草（*Pteris vittata* L.）种群富集能力及其生理机制研究［D］．［硕士学位论文］．呼和浩特：内蒙古大学，2005.

[143] 张广莉，宋光煜．磷影响下根无机砷的形态分布及其对水稻生长的影响［J］．土壤学报，2002，39（1）：23～28.

[144] 张国祥，杨居荣，华珞．土壤环境中的砷及其生态效应［J］．土壤，1996，2：64～68.

[145] 张力先．氰化提金工艺的最新进展［J］．黄金学报，2001，3（2）：124～130.

[146] 郑存江．含砷难浸金矿的研究及应用［J］．陕西地质，2003，21（1）：88～98.

[147] 郑晔．难处理金矿石预处理技术及应用现状［J］．黄金，2009，30（1）：36～41.

[148] 中国科学院南京土壤研究所．土壤理化分析［M］．上海：上海科学技术出版社，1978.

[149] 周宝利．蜈蚣草富集砷过程中的土壤微生物变化与钾、钙分析［D］，［硕士学

位论文］．重庆：西南大学，2006.

［150］周娟娟，高超，李忠佩，等．磷对土壤 As（V）固定与活化的影响［J］．土壤，2005，37（6）：645～648.

［151］朱长亮，杨洪英，王玉峰，等．含砷难处理金矿石的细菌氧化预处理工艺研究现状及进展［J］．现代农业，2009，6：14～17，107.

［152］朱文宇，侯明明．超积累植物的资源化利用［J］．环保科技，2009（2）：44～48.

［153］訾建威，杨洪英，巩恩普，等．细菌氧化预处理含砷难处理金矿的研究进展［J］．贵金属，2005，26（1）：66～70.

［154］邹强．重庆紫色土中砷含量分布及主要行为特征研究［D］．［硕士学位论文］．重庆：西南大学，2009.